일러두기

- 책에 실린 정보를 어떻게 활용할 것인가는 독자의 판단에 달려있으며, 약물을 복용 중에 있는 사람은 반드시 담당 의사나 전문가의 상담을 먼저 구해야 합니다.
- 본문의 체험사례는 사생활 보호를 위해 연락처는 기재하지 않았으며, 저자와 출판사는 이 책에 실린 정보 때문에 발생한 손실과 피해에 대해서는 무관함을 밝힙니다.

생식
내 몸을 살린다

엄성희 지음

모아북스
MOABOOKS

저자 소개

엄성희 | 동덕여자대학교 약학과를 졸업하고 약사로 활동하던 엄성희 소장은 1988년 김수경 박사와 더불어 국내 최초 생식의 이론적 기초를 확립했으며, '팜리생식' 을 개발했다. 1996년에는 약사대체의학연구소를 (주)팜리로 확대 개편하여 약국을 통한 생식 대중화에 앞장서왔으며, 현재는 생식제조 전문회사 (주) 다움의 연구소장이자 생식요리 연구가로서 활동하는 등 생식 대중화에 앞장서고 있다.

생식, 내 몸을 살린다

1판 1쇄 인쇄 | 2009년 11월 22일
1판 1쇄 발행 | 2009년 11월 30일

지은이 | 엄성희
발행인 | 이용길

발행처 | MOABOOKS 모아북스
영업 | 권계식
관리 | 윤재현
디자인 | 이룸

출판등록번호 | 제 10-1857호
등록일자 | 1999. 11. 15
등록된 곳 | 경기도 고양시 일산구 백석동 1332-1 레이크하임 404호
대표 전화 | 0505-627-9784
팩스 | 031-902-5236
홈페이지 | http://www.moabooks.com
이메일 | moabooks@hanmail.net
ISBN | 978-89-90539-66-3 03570

기적의 식이요법, 생식의 비밀

요즈음 생식은 건강과 미용을 생각하는 모든 이들에게 각광받는 식문화로 우리 곁에 자리 잡았다. 여러 가지 생식 제품들이 생겨나고, 생식의 효능에 대한 연구도 활발히 이루어지고 있으며 관련 산업도 나날이 성장하고 있다.

우리가 먹는 음식이 건강과 밀접하게 관련되어 있다는 것을 부정할 이는 아무도 없을 것이다. 우리 조상들은 음식이 곧 약이라고 생각하여 체질과 계절, 몸의 상태에 따라 음식을 가려먹었으며, 유네스코 세계 기록유산으로 등록된 〈동의보감〉에서도 먹으면 약이 되는 식품들을 다양하게 소개하고 있다. 의학의 아버지로 널리 알려진 히포크라테스 또한 "음식으로 치료하지 못하는 병은 약으로도 고칠 수 없다."며 식생활의 중요성을 강조한 바 있다.

그런데 오늘날의 식문화는 오히려 우리의 건강을 해치는 방향으로 흘러가고 있다. 우리는 과거에 비해 훨씬 풍요로운 식탁 앞에 앉게 되었지만, 그 위에 놓인 음식들은 우리에게 생명과 건강을 주지 못한다.

우리의 눈을 빛나게 해 주고 몸에 생기를 불어넣어 주던 자연 그대로의 채소들은 사라져가고 유전자 조작으로 기형적으로 커진 채소들, 농약과 화학비료 범벅인 채소들이 그 자리를 대신하고 있다.

성장호르몬과 항생제 주사로 키워진 가축들이 식탁에 오르고, '부드럽고 달콤하고 기름진 음식' 들을 만들기 위해 방부제와 화학 첨가물, 인공 조미료들이 아무 거리낌 없이 사용된다. 근래 각종 현대병, 비만, 암과 같은 질병들이 점점 늘어가는 것은 이처럼 고지방, 고단백, 고염식 메뉴가 우리의 식탁을 지배하고 있기 때문이다.

생식은 이와 같이 음식의 중요성에 대한 문제의식에서 출발한 대안적 식문화이다. 생식을 단순히 조리하지 않은 날 음식을 먹는 것이라고 생각하면 큰 오산이다. 생식의 본질은 가공되거나 오염되지 않은 자연 그대로의 음식을 섭취하여 몸을 깨끗하고 건강하게 만들고 삶에 활력을 불어넣고자 하는 생활의 방식이다.

인간은 불을 이용하게 되면서 음식을 익혀먹는 조리방법을 사용했다. 익힌 음식은 부드러워지고 맛도 더 좋아지지만 열을 가하는 과정에서 본래 식품이 가지고 있는 비타민, 엽록소, 효소와 같은 성분들이 파괴되고 다른 영양소들이 변형되어 자연의 영양분을 있는 그대로 섭취할 수 없게 된다.

우리는 이로운 영양소들을 섭취하여 생명과 건강을 지키기 위해 음식을 먹는다. 그런데 식품에 열을 가해 여러 영양소들이 파괴된 채로 섭취한다면 이러한 역할을 제대로 수행할 수 없을 것이다.

생식은 열에 의해 생명력이 파괴되지 않은 식품을 섭취하는 것이다. 생식을 하면 어떠한 가공도, 첨가도, 변형도 없이 식품의 본래 가진 생명력을 그대로 전달받을 수 있다. 이처럼 생식은 자연의 생기를 몸 안으로 옮겨 놓는 생명의 식사법이다.

요즘에는 생식의 효능이 과학적으로 입증되고 활발하게 연구되고 있을 뿐만 아니라, 손쉽게 이용할 수 있는 생식 제품들도 다양하다.

이 책에서는 생식이 우리의 건강에 어떠한 영향을 미치는지 구체적으로 알아보고, 올바른 생식 이용법을 소개할 것이다.

그리고 자신과 가족의 건강을 위해 고민하시는 모든 분들에게 이 책을 권한다.

- 여러가지 현대병에 시달리는 분들
- 활발한 두뇌활동이 필요한 학생, 수험생
- 체력 감퇴로 의욕이 없는 분들
- 비만에서 벗어나고자 하는 분들
- 다이어트를 위해 고민하는 분들
- 치매 걱정 없이 건강한 노년을 살고자 하는 분들

차례

1. 최상의 자연식, 생식의 비밀

1) 생식이란 무엇인가?

건강하게 살아가려면 좋은 음식을 가까이 해야 한다는 것은 이제 상식이 되었다. 아무리 좋은 약이 개발되어 대부분의 병을 치료할 수 있다고 하더라도, 평소에 좋은 음식을 먹고 신체를 건강하게 유지하여 병에 걸리지 않는 것보다 더 좋을 수는 없을 것이다.

좋은 음식은 우리를 병에 잘 걸리지 않는 건강한 체질로 만들어준다. 그렇다면 어떤 음식이 우리 몸에 좋은 음식일까? 답은 간단하다. 몸에 필요한 영양분이 풍부하게 살아있고, 몸에 해로운 물질과 들어있지 않은 음식이 가장 좋은 음식이다.

우리가 먹는 음식은 대게 불이나 높은 온도를 이용해 굽거나 끓이거나 볶는 과정을 거쳐 만들어진다. 그런데 이렇게 높은 온도에서 조리되는 동안 식품에 들어 있는 영양소는 파괴되거나 변형되기 쉽다.

흔히 몸에 좋다고 알려진 현미밥이나 오곡밥 같은 음식들도 사실 화식(불은 이용해 조리한 음식)에 해당되기 때문에 조리 과정에서 영양소가 손실되거나 변질될 가능성이 크다.

비타민이 풍부하다고 알려진 시금치나 부추 같은 채소들도 데치거나 볶아 식탁으로 나온 뒤에는 이전보다 비타민의 함량이 크게 줄어 있다.

아무리 좋은 식품이라고 해도 조리 과정에서 영양소를 다 잃어버린다면, 그 찌꺼기를 먹는 것과 다르지 않은 것이다. 우리를 건강하게 만들어 주는 음식은 본래 가진 영양소가 그대로 살아 있는 자연 그대로의 음식이다.

생식, 화식, 선식의 비교

구 분	생 식	화 식	선 식
원료	친환경농법으로 재배한 곡류, 채소류, 버섯류, 해조류 등 40 여가지 이상	일반 육류, 곡류 등	중국산, 국내산, 일반 농산물 중 곡류, 콩류 위주의 원료
가공법	동결건조(-40℃에 급속 동결하여 진공상태에서 건조시킴)	열을 가해 조리하여 음식의 맛을 좋게 함	열을 가해 볶거나 튀김
각종 영양소	열에 의한 영양소의 파괴가 매우 적어 효소, 비타민, 엽록소, 기타 생리활성물질들이 자연에 가깝게 보존되어 있음	높은 열이 가해지기 때문에 열에 민감한 비타민, 효소, 엽록소, 기타 생리활성등의 영양소 파괴가 매우 큼	높은 열이 가해지기 때문에 열에 민감한 비타민, 효소, 엽록소, 기타 생리활성등의 영양소 파괴가 매우 큼
에너지 효율	일반식사에 비해 6배 정도 에너지 효율이 높음(비타민, 미네랄, 효소 등의 영양소가 풍부하여 에너지를 방출하는 ATP의 생성을 원활하게 할 뿐만 아니라 신진대사를 촉진시킴)	생식에 비해 1/6정도의 에너지 효율(열에 의해 비타민, 효소 등이 파괴되어 선식과 마찬가지로 에너지 효율이 낮음)	생식에 비해 1/6정도의 에너지 효율(포만감만 클 뿐 에너지 효율이 낮음)

생식, 자연 그대로를 먹는다

우리가 자연의 생명력이 고스란히 담긴 음식을 먹기 위

해서는 열이나 가공에 의해 그 생명력이 파괴되지 않도록 해야 한다. 그런 면에서 볼 때 생식은 최상의 자연식으로 우리의 건강을 지켜주는 방법이다.

생식은 일체의 가공이나 첨가 없이 식물이 가지고 있는 영양소와 몸에 이로운 요소들은 그대로 섭취할 수 있는 방법이다. 보통 생식은 곡식, 채소, 과일을 살아있는 상태 즉 영양소가 파괴되거나 변질되지 않고 그대로 보존된 상태로 섭취하는 것을 말한다.

이것은 또한 익힌 음식, 기름진 음식, 가공 · 정제된 음식에 길들여지고 과식을 일삼는 요즘의 식문화와 반대로 익혀 먹지 않고, 너무 많이 먹지 않고, 기름진 음식을 적게 먹고, 화학첨가물이 섞이지 않은 음식을 먹는 것을 의미한다.

국내에서 재배된 30~60여 가지 이상의 친환경 농산물(곡물, 채소, 해조류, 버섯 등)을 급속 동결건조하여 만들어진 생식은 식물이 가지고 있는 각종 비타민과 미네랄, 효소, 씨눈, 엽록소 등 자연의 생명력이 원래 상태 그대로 보존된 살아있는 음식이다. 때문에 생식은 우리 몸이 원천적으로 가지고 있는 자연 치유력을 높여 질병을 예방하는 데 탁월한 효과가 있다.

영양의 보고(寶庫)

생식을 하면 씨눈, 효소, 엽록소, 비타민과 같은 중요 영양소들을 파괴되지 않은 상태로 섭취할 수 있다. 이러한 영양소들은 열에 의해 쉽게 파괴되기 때문에 일반적인 방법으로 조리할 경우 대부분 파괴되고 만다.

생식은 요즘 각광을 받고 있는 '파이토뉴트리언(식물성 생리활성물질)'을 쉽게 섭취할 수 있는 통로이다. 또한 생식에는 비타민과 미네랄, 항암작용을 하는 카로티노이드(당근), 골다공증을 예방하고 치료하는 이소플라본(콩) 등 유익한 성분들이 풍부하다.

이러한 이유로 인해 생식은 영양소가 풍부한 훌륭한 식사로서 뿐만 아니라 암과 각종 현대병 등 여러 질병을 예방하고 없애는 치유식품으로서도 그 효능을 인정받고 있다.

1991년 세종대 박사학위 논문 〈생식 및 채식인의 영양 상태와 생식인의 주식에 관한 연구 - 윤옥현〉를 살펴보면 생식인과 비생식인의 건강 상태를 분명하게 비교해 볼 수 있다.

이 논문에 따르면 채식을 하는 사람들의 85%가 '정신이 맑고 안정된다,' '몸이 가볍다' 고 답하였으며, 생식인의 경우 95%가 자신의 몸 상태가 건강하다고 답했다.

이에 반해 채식이나 생식을 하지 않은 일반인들은 35%만이 건강하다고 답했고, 39%는 스스로 현대병이 우려된다고 진단했다. 실제로 이들 중에는 당뇨, 고혈압, 간질환, 심혈관계 질환, 위장질환 등 각종 질병을 앓고 있는 경우가 51.3%에 달했다.

생식인과 비생식인의 영양 상태도 무척 차이가 났는데, 생식인은 칼슘, 철분, 나이아신, 비타민 수치가 비생식인의 경우보다 월등히 높은 것으로 나타났다. 시력, 혈압, 간 기능 검사에서도 생식인의 건강 상태가 더 양호한 것으로 나타났다.

이 외에도 생식의 영양학적 우월성과 질병 예방 · 치유 효과를 입증하는 연구사례들이 속속 나오면서, 생식은 현대 사회의 대안적 식문화로 각광을 받고 있으며 당뇨, 암, 비만, 심혈관계 질환, 간질환과 같은 질병을 치유하는 데 유효한 수단으로서 가치를 인정받고 있다.

◎ 생식이 비만에 미치는 영향

2003년 박성혜 (원광대학교 한의학전문대학원 한약자원개발학과), 안병용(국립익산대학 생명과학과), 김상환(대상그룹 건강사업본부), 한종현 박사의 공동 연구논문 〈과체중 및 비만 여성의 생식 섭취가 체중 감소 및 생화학적 영양 상태에 미치는 영향〉에 따르면 생식 섭취가 균형 있는 영양 섭취와 비만 개선에 도움을 주는 것으로 나타났다.

이 연구에서는 과체중 그룹 20명과 비만 그룹 26명의 여성을 대상으로 하루 두 끼씩 생식을 섭취하도록 하여, 생식 섭취 전후의 결과를 비교하였다. 연구결과에서는 생식 섭취 3주 후부터 체중이 감소하기 시작해 12주 이후 높은 감소를 보였다.

■ 생식 섭취 3개월 후 과체중 그룹의 변화

▶ 열량 섭취 감소 평균 1876.9kcal → 1063.9kcal

▶ 섬유소 섭취량 증가 5.9g(권장량의 29.5%) →
7.9g(권장량의 39.5%)

▶ 지질(脂質) 섭취량 감소 권장량의 102.9% →
권장량의 48.3%

▶ 엽산 섭취량 증가 권장수준의 100.2% →
권장수준의 148.0%

▶ 체중 평균 5.56kg 감소

▶ 체지방량 감소 8주 동안 체중의 27.91%(16.64kg)
→ 체중의 26.20%(15.26kg)

■ 생식 섭취 3개월 후 비만 그룹의 변화

▶ 열량 섭취 49% 감소 평균 2600.6kcal → 1354.9kcal

▶ 당질, 단백질, 지질 및 콜레스테롤 섭취량 50% 감소

▶ 체중 약 9.30kg 감소

▶ 체지방량 감소 체중의 39.98%(26.12kg) →
체중의 30.70%(20.68kg)

◎ 생식이 지방간에 미치는 영향

지방간은 세포 내에 정상 이상의 지질이 축적된 상태를 말하며 콜레스테롤 지방간, 인지질 지방간, 중성 지방간으로 분류된다.

상지대학교 생명과학연구소와 (주)다움의 공동연구 논문 〈지방간 환자를 위한 생식용 천연복합식품이 고지방식이를 급여한 흰쥐의 혈청, 간장의 효소 및 간 조직 구조에 미치는 영향〉에 따르면 생식이 지방간 치유에 긍정적으로 기여하는 것으로 나타났다.

실험에서는 지방간을 유발한 쥐에게 천연혼합복합식품을 6주간 먹인 후 그 결과를 관찰하였는데, 천연혼합복합식품을 50%~100% 먹이로 먹인 쥐의 조직 내 지방세포와 간장 내 지방축적 함량이 확연히 감소하는 것을 확인할 수 있었다. 또한 식이 내 천연혼합복합식품 첨가량이 증가함에 따라 혈청 AST, 혈청 ALT, r -GT 및 LDH 활성치가 하락하였으며, 총콜레스테롤 양도 확연히 감소하였다.

생식이 이렇게 최상의 자연식이라고 해도, 결코 약은 아니다. 그런데 어떻게 이와 같은 효과를 거둘 수 있는 것일까?

생식의 장점은 음식으로서 부담 없이 꾸준히 섭취할 수 있다는 것이다. 꾸준한 생식 섭취는 우리 몸이 스스로 질병을 치유할 수 있도록 신체기능을 건강하게 만들어 주며, 면역력을 강화시켜 병에 쉽게 걸리지 않는 건강한 신체 환경을 만드는 데 기여한다는 것이다.

하지만 생식의 효과는 사람에 따라 매우 다르게 나타난다. 섭취 후 바로 효과가 나타나는 사람이 있는가하면 서서히 효과가 드러나는 사람도 있고, 이완반응, 과민반응, 배설작용과 같은 명현현상(호전반응)이 나타나는 경우도 있다. 앞서 말했듯 생식은 약이 아니기 때문에 효과를 얻으려면 꾸준히 섭취하는 것이 무엇보다 중요하다.

2) 생식의 영양학적 발견

생식을 하면 식품 속에 들어 있는 영양소들을 손실 없이 고스란히 섭취할 수 있다는 장점이 있다. 이렇게 생식을 통해 섭취할 수 있는 영양소들 중에는 화식을 할 경우 파괴되어 충분히 섭취하기 어려운 영양소들이 많다. 생식에 풍부하게 함유되어 있는 이러한 성분들에 대해 알아보자.

효소가 살아있는 생식

효소는 생명 유지를 위한 필수 물질로 몸속에서 일어나는 모든 화학반응을 촉진하는 기능을 담당한다. 아무리 좋은 음식을 먹어도 효소가 없으면 몸속으로 흡수될 수 없다. 전분을 분해하는 아밀라아제나 단백질을 분해하는 단백질 가수분해 효소, 지방을 분해하는 지방질 가수분해 효소 등이 모두 이러한 효소들인데 몸속에 들어온 영양분들은 이 소화 효소의 작용을 통해 분해되고 흡수된다.

효소는 신진대사를 촉진하며, 우리 몸에 불필요한 물질을 분해하거나 배설하도록 도와 몸속의 유해물질을 효과적으로 없애준다. 때문에 오염된 환경에 노출된 현대인들에게 효소는 없어서는 안 될 아주 중요한 요소이다.

효소는 본래 우리가 먹는 식품 속에 풍부하게 들어있다. 하지만 이 효소는 50℃ 이상의 온도에서는 활성이 급격히 떨어지기 때문에 가열해서 조리한 음식에는 거의 남아있지 않게 된다.

때문에 효소를 충분히 섭취할 수 있는 방법인 생식은 현대인의 건강을 위한 중요한 선택이 될 수 밖에 없다.

생식을 하면 식품 속의 효소를 그대로 섭취할 수 있으며, 효소의 작용을 돕는 물질인 비타민과 미네랄도 충분히 섭취할 수 있기 때문에 건강한 삶을 영위할 수 있다. 효소는 심장병, 뇌졸중 예방에 효과적이며 시력회복, 궤양 등의 염증 치료에도 탁월한 효과를 보인다.

씨눈이 살아있는 생식

씨눈은 곡식의 싹이 트는 곳으로 생명을 비롯되는 중요한 부분이다. 우리가 흔히 먹는 곡물 중 현미와 백미를 비교해 보면 씨눈의 영양학적 중요성을 쉽게 살펴볼 수 있다.

씨눈과 호분층이 제거되고 배유만이 남은 백미를 먹을 경우에는 그렇지 않은 현미를 먹을 경우에 비해 턱없이 적은 영양분을 섭취하게 된다.

쌀과 같은 곡식은 왕겨를 벗겨내면 대부분 씨눈과 배유, 그리고 이들을 둘러싸고 있는 껍질인 호분층으로 이루어져 있는데, 중요 영양소인 비타민과 미네랄이 씨눈에 66%, 호분층에는 29% 분포하는데 비해 배아에는 단지 5%만 존재하기 때문이다.

◎ 백미와 현미의 영양 비교

구분	지질(g)	섬유소(g)	칼슘(mg)	철(mg)	칼륨(mg)	비타민 B1(mg)	비타민 B2(mg)	나이아신 (mg)
현미	2.1	2.7	6	0.7	326	0.23	0.08	3.6
백미	0.5	0.3	4	0.4	163	0.11	0.01	1.5

〈식품성분표, 2001년 제6개정판, 농촌진흥청 농촌생활연구소〉 참조

그러나 생식을 하면 영양의 원천인 씨눈과 호분층를 함께 섭취할 수 있기 때문에 쌀을 비롯해 보리, 수수, 율무 등 여러 곡식의 영양소를 손실 없이 섭취할 수 있다.

엽록소가 살아있는 생식

엽록소(Chlorophyll)는 식물이 광합성 작용을 하도록 하여 스스로 영양분을 만들어내는 역할을 한다. 한마디로 엽록소는 식물 생장의 열쇠라고 할 수 있다.

이 엽록소는 화학적으로 포르피린(Phorpphyrin) 구조를 가지고 있는데, 동물의 혈액과 화학구조가 무척 비슷하다. 단지 혈액은 중심원소가 철분(Fe)이고 엽록소는 마그네슘(Mg)이라는 것이 다를 뿐이다.

엽록소는 조혈작용을 하기 때문에 엽록소를 섭취하면 혈액이 깨끗해진다. 또한 엽록소는 손상된 세포를 재생시키며, 암세포의 발생이나 바이러스의 침투를 억제하고 해독작용과 진통작용을 한다.

이 외에도 엽록소는 콜레스테롤 수치를 떨어뜨리고 체질을 약알칼리성으로 개선시켜 주며 항균, 소염, 항산화 작용을 하는 것으로 알려져 있다. 더불어 구취가 심하거나 몸냄새가 심한 사람이 엽록소를 섭취하면 이를 개선할 수 있다.

그러나 엽록소는 열에 의해 파괴되기 쉽기 때문에 효과적으로 섭취하려면 생식을 이용하는 것이 가장 바람직하다.

비타민이 살아있는 생식

비타민(Vitamin)은 생명체가 살아가는 데 중요한 역할을 하는 영양소로 인간의 성장과 건강 유지, 질병 예방 등의 기능을 한다.

많은 양이 필요하진 않지만 몸에서 아예 만들어지지 않거나 충분하게 만들어지지 않기 때문에 음식을 통해 섭취해야만 하는 영양소다.

◎ 주요 비타민의 기능

구분	화학적 이름	성질	결핍 시 증상	기능 및 효과
B_1	티아민	수용성	각기병, 식욕부진, 피로, 권태	식욕증진, 당질대사에 관여하여 소화액 촉진, 각기 예방
B_2	리보플라빈	수용성	리보플라빈결핍증, 구순구각염, 안질, 설염	세포에서 기능하여 플라빈 산소의 기능에 도움. 발육, 점막 보호
B_9	엽산	수용성	적혈구가 감소되어 빈혈을 일으킴. 설사, 위장염, 설염, 구내염	적혈구, 핵산 합성에 관여. 위장과 입안 점막 보호
C	아스코르빈산	수용성	괴혈병, 피하출혈, 체중 감소	콜라겐을 생성하고 호르몬 합성에 관여. 해독기능 강화
D	칼시페롤	지용성	구루병, 골연화증, 골다공증	뼈와 치아의 생성 도움. 혈액 중 인의 양을 일정하게 조정
E	토코페롤	지용성	노화 불임증	몸의 산화 방지, 혈관 보호, 근육기능 정상화, 생식기능 강화

비타민은 대부분의 식품 속에 들어 있어 섭취하는 것이 어렵지는 않지만, 특히 수용성 비타민의 경우 공기와 열에

손상되기 쉽고 산이나 알칼리, 빛, 금속류에도 쉽게 영향을 받아, 조리 과정에서 파괴되기 쉽다.

때문에 비타민을 제대로 섭취하려면 조리 과정을 거치지 않고 생으로 먹는 것이 좋다. 생식은 이러한 비타민을 손실 없이 자연 그대로 섭취하기에 무척 효과적인 방법이다.

파이토뉴트리언트가 살아있는 생식

파이토뉴트리언트(Phytonutrient)는 Phyto(Plant : 식물)와 Nutrient(영양소)의 합성어로, 오직 식물에만 들어 있는 면역 물질이다. 식물성 생리활성물질이라고도 불리는데, 건강을 유지하고 질병에 대한 면역력과 자연치유력을 강화시켜주는 영양소이다.

과일의 경우 외부 공격에 노출돼 있는 껍질에 이 물질이 많이 들어 있어 외부 유해물질이 침투하는 것을 막고 과육이 잘 익도록 지켜준다.

포도 껍질의 안토시아닌, 당근의 카로틴 등이 파이토뉴트리언트의 한 종류인데 이들 물질은 곤충과 박테리아, 바

이러스 등의 공격을 막아내며 생장을 돕는다.

최근에는 파이토뉴트리언트가 항암작용이 뛰어나고 질병에 대한 저항력을 강화시키는 데 효과가 있는 것으로 입증되어 면역 물질로서 다각도로 활용되고 있다.

파이토뉴트리언트는 신선한 식물에서 더욱 많이 얻을 수 있고, 식물 전체를 먹을수록 효과적이라고 알려져 있다. 생식은 수십 종의 식품을 껍질, 잎, 뿌리, 열매 전체를 섭취하게 해주기 때문에, 생식을 하면 이와 같은 천연 영양소를 빠르고 완전하게 섭취할 수 있다.

식이섬유가 풍부한 생식

통곡식과 야채류, 해조류, 버섯류 등 식물성 원료로 만들어진 생식은 식품에 함유된 식이섬유를 섭취할 수 있는 좋은 공급원이다.

섬유질은 통곡식의 껍질, 채소의 질긴 부분(셀룰로스), 과일 속의 펙틴, 미역과 다시마의 끈적끈적한 성분(알긴산), 그리고 특히 버섯류(베타글루칸)에 많이 함유되어 있다. 육류나 생선류, 유제품에는 거의 들어있지 않다.

1970년대 초 섬유질 섭취가 부족하여 대장암을 비롯해 심장병, 당뇨병 등 성인병이 발생하기 쉽다는 학설이 발표되면서 섬유질에 대한 관심이 높아졌다. 사람이 생명을 유지하고 활동을 하기 위해서는 몸속에서 에너지를 생성하는 탄수화물과 지방, 단백질 등 영양소를 섭취해야 한다. 그런데 섬유질은 이러한 영양소가 아니며 기능 또한 다르다.

섬유질은 대장 내의 세균 활동에 영향을 주어 발암 물질이 침투하는 것을 억제하기 때문에 대장암의 발생을 예방할 수 있다. 또한 콜레스테롤의 흡수를 막아 현대병을 예방하며, 어떤 섬유질은 장내에서 식염과 결합하여 몸 밖으로 배출시켜 혈압이 올라가는 것을 막아주고 당뇨병의 치료와 예방에도 도움을 준다.

섬유질은 부피가 크기 때문에 쉽게 포만감을 주어 과식을 막고, 음식물의 흡수를 더디게 하여 콜레스테롤을 걸러내기 때문에 비만 치료와 예방에 효과적이다. 또 대장의 운동을 촉진시켜 변이 장을 통과하는 시간을 줄이고, 배변량을 증가시키기 때문에 변비가 없어진다.

3) 건강한 삶을 위한 생식 밥상

우리가 먹는 것은 고스란히 우리 몸속으로 흡수된다. 때문에 좋은 음식을 먹으면 몸이 건강하고 해로운 음식을 먹으면 병에 걸리기 쉽다.

그러나 앞서 살펴보았듯이 좋은 음식이라고 해도 먹는 방법에 따라 효과는 천차만별이다.

식품 속에 영양분이 가득해도 조리 과정에서 모두 파괴된다면 건강을 유지할 수 없다. 우리 밥상을 생식 위주로 바꾸는 것은 그래서 무척 중요하다.

생식을 할 경우와 익혀 먹는 화식을 할 경우 우리 몸이 어떻게 다른지, 〈생식 및 채식인의 영양 상태와 생식인의 주식에 관한 연구 - 1991, 세종대 윤옥현〉을 통해 그 장 · 단점을 알아보자.

◎ 생식인과 화식인의 장 · 단점 비교

구분	생식인	화식인
장점	- 정신이 맑고 안정된다. (43%) - 몸이 가볍고 경쾌하다. (42%) - 피부 상태가 개선된다. (6%) - 조리시간이 단축되어 편리하다. (5%) - 몸냄새가 나지 않는다. (2%) * 外 기타 답변 2%	- 식사가 즐겁다. (44%) - 잘 모르겠다. (30%) - 정신이 맑고 안정된다. (8%) - 몸이 가볍고 경쾌하다. (6%) * 外 기타 답변 12%
단점	- 단점이 없다. (77%) - 먹는 즐거움이 부족하다. (5%) - 잔류 농약이 우려된다.(5%) - 영양 결핍이 우려된다. (5%) *外 기타 답변 11%	- 성인병이 우려된다. (39%) - 단점이 없다. (22%) - 잔류 농약이 우려된다. (14%) - 먹는 즐거움이 부족하다. (5%) *外 기타 답변 10%

이 연구를 살펴보면 생식인들이 생식 후 건강강태에 대해 매우 만족한다는 것을 알 수 있다.

생식인 중 무려 77%가 생식의 단점이 없다고 응답한 반면 화식인의 39%는 현대병이 우려된다고 응답했고 30%는 장점을 모르겠다고 답했다. 이는 실제 생식 경험자들을 대상으로 한 비교 자료이기에 결과의 신뢰도가 매우 크다고 할 수 있다.

이 논문에서 생식인과 화식인의 질병 보유율 비교를 보

면 화식인은 위장질환 15.8%, 고혈압 14.2%, 빈혈 11%, 변비 9.2%, 신장질환 3.8%, 간질환 2.8%, 심장질환 1.8%, 암 0.3% 등 여러 가지 질병에 시달리고 있는 반면 이러한 질병에 시달리고 있는 생식인은 거의 없는 것을 확인할 수 있다.

생식인과 화식인은 영양소의 섭취량도 크게 차이가 나기 때문에 면역력과 기초체력에서부터 큰 차이를 보인다. 이러한 결과를 보이는 것도 크게 놀라운 일은 아니라 하겠다.

생식인과 화식인 비교

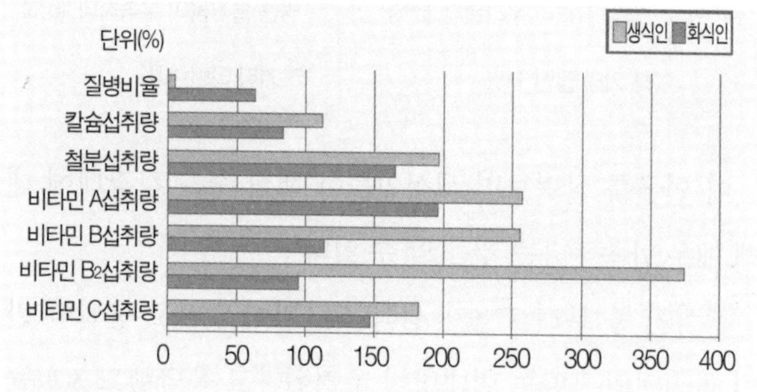

단위(%)
생식인 화식인
질병비율
칼슘섭취량
철분섭취량
비타민 A섭취량
비타민 B섭취량
비타민 B2섭취량
비타민 C섭취량
0 50 100 150 200 250 300 350 400

생식은 이처럼 식품 속의 영양소를 파괴하지 않고 완전히 섭취할 수 있는 효과적인 방법이며 건강한 삶을 살게 해주는 식사법이다. 건강하고 활력 있는 삶을 원하는 이라면 누구나 생식의 필요성을 공감할 것이다.

2. 내 몸이 원하는 건강 상식

1) 오래 살고 싶다면 아침식사는 꼭 챙겨라

바쁜 사람들 중에는 아침식사를 거르는 사람들이 부지기수다. 직장생활을 하면서 피로가 쌓이다 보니 아침을 챙겨 먹느니 잠을 5분이라도 더 자겠다는 선택을 하는 사람들도 많다. 하지만 아침식사는 건강을 지키는 데 무척 중요한 요소다.

보약보다 나은 아침식사

아침식사는 하루를 시작하는 데 꼭 필요한 영양분을 공급하는 중요한 수단으로, 하루를 활력 있게 만들어 준다. 우리가 잠을 자는 동안 우리 뇌는 기본적인 대사기능만을 하며 쉬는데, 아침에 일어나 식사를 하면 대뇌가 자극되어 기능이 활발해지며 몸이 깨어나게 된다.

아침식사가 필요한 또 다른 이유는 우리 뇌세포와 신경조직이 다른 조직과 달리 포도당으로만 에너지를 보충하기 때문이다.

식사 후 4시간 정도 지나면 포도당 공급이 끊겨 혈당이 떨어지는데, 이때 가장 먼저 간의 글리코겐이 분해돼 포도당을 공급하기 때문에 아침이 되면 글리코겐은 거의 없어진다. 따라서 뇌세포가 왕성하게 활동하는 오전에 반드시 아침식사를 하여 포도당을 공급해야 한다.

아침 식사는 두뇌활동을 활성화시키는 특효약이다. 사람이 잘 때 체온이 1도 정도 떨어지며 뇌 활동이 둔해지는데, 아침식사를 하면 체온이 올라가고 뇌가 활성화된다.

미국영양협회(ADA)조사 결과에 따르면 아침을 먹는 아이는 아침을 굶는 아이보다 집중력, 학습 능력, 창의력이 높은 것으로 나타났다. 이를 보면 아침식사가 특히 성장기 어린이와 청소년에게 매우 중요하다는 것을 확인할 수 있다.

아침식사를 하면 학습태도와 생산성이 증가할 뿐 아니라 사교성이 좋아진다는 연구결과도 있다.

게다가 아침밥을 먹지 않으면 뇌하수체 바로 위 사상하부 속의 식욕 중추가 흥분 상태가 돼 불안감, 피로감, 초조감을 느끼게 되기 때문에 아침밥을 먹지 않는 것은 여러모로 해가 되는 행동이다.

따라서 활발한 두뇌활동이 필요한 학생이나 정신적 스트레스가 많은 직장인들에게 아침식사는 생활을 능률적으로 만들어주는 요소가 될 수 있다.

식사량은 자신에게 맞게

이렇게 아침식사가 몸에 좋다고 해서 무조건 많이 먹으면 오히려 역효과를 내게 된다. 우리 인체는 잠을 자면서도 생명유지와 회복을 위한 기본적인 대사활동을 위해 꾸준히 열량을 소모한다.

때문에 아침식사를 함으로써 소모된 에너지를 보충해주는 것은 바람직하다. 더욱이 아침을 먹지 않으면 에너지가 심하게 고갈되어 허기를 심하게 느끼기 때문에 점심 때 폭식할 가능성이 높으니 반드시 먹어주는 것이 좋다. 하지만 얼마나 먹을 지는 자신의 상황에 맞게 결정하는 것이 바람직하다.

아침식사의 양은 각자의 생활습관에 달려있다. 늦게까지 일을 하거나 새벽에 일하고 야참을 먹는 생활습관을 가진 사람은 아침을 가볍게 먹는 것이 좋고, 저녁을 일찍 적게 먹는 사람은 아침식사를 제대로 갖춰 하는 것이 바람직하다.

아침식사를 할 때 가장 중요한 것은 어떤 음식을 먹느냐이다. 섭취 권장 칼로리에 맞게 먹는다고 해도 패스트푸드나, 인스턴트 음식으로 끼니를 때운다면 먹지 않느니만 못하다. 양이 아니라 질이 중요하다. 유해물질이 없고 화학첨가물로 가공되지 않은 좋은 음식을 찾아 섭취해야 한다.

〈양보다 질이 중요한 아침식사〉

하지만 바쁘게 살아가는 현대인들에게 아침식사를 위해 많은 시간과 노력을 들이라고 한다면, 대부분 부담스러워 고개를 저을 것이다. 시도하다가 포기하는 경우도 부지기

수일 것이다. 그런 면에서 식품 고유의 영양분을 고스란히 담고 있으면서도 이용이 편리한 생식은 현대사회에 맞는 훌륭한 아침식사가 될 수 있다. 오염되지 않는 깨끗한 재료를 이용하는데다 식품 첨가물도 들어가지 않기 때문에 일석이조다.

2) 끼니를 거르면 현대병에 노출된다

아침뿐만이 아니라 자꾸 끼니를 거르고 불규칙하게 식사를 하면 신진대사의 균형이 깨지기 쉽다. 이럴 경우 우리 몸에서는 언제 식사를 해 영양분을 보충할지 알 수 없다고 판단하기 때문에, 영양분을 소비하기 보다는 최대한 축적하려고 한다. 그렇게 되면 영양분이 지방의 형태로 몸속에 쌓이기 때문에 비만이 생긴다.

또한 영양분이 우리 몸을 움직이는 에너지로 쓰여야 하는데 그렇게 되지 못하기 때문에 세포의 움직임도 둔해지고 제대로 기능을 못하게 된다. 세포가 제 기능을 못하면 몸속에 노폐물이 쌓이고 고혈압, 당뇨, 심장병, 간질환 등 각종 현대병이 생기기 쉽다.

또한 끼니를 거르면 다음 끼니를 먹을 때 허기를 더 많이 느껴 폭식으로 이어지기 쉽고 이에 따라 위장 질환이 발생한다. 끼니를 잘 챙겨먹기 어려운 상황에 놓여 있다고 해도, 생식은 언제 어디서든 간편하게 이용할 수 있으니 건강을 위해 끼니를 거르지 않도록 하는 것이 좋겠다.

3) 생식이 건강에 좋은 이유

앞서 화식을 할 경우 파괴되기 쉬우나 생식 속에는 고스란히 담겨 있는 효소, 씨눈, 비타민, 파이토뉴트리언트, 식이섬유 등을 통해 생식의 장점을 살펴보았는데 이외에도 생식이 건강에 좋은 이유는 헤아릴 수 없이 많다.

장수의 비결, 소식습관을 길러준다

생식은 일반식에 비해 에너지 효율이 높기 때문에 소식이 가능하다. 처음 섭취할 때는 공복감을 느낄 수도 있지만 꾸준히 습관을 들이고 생채소를 곁들여 먹으면 이러한 현상도 차차 사라지고 적게 먹는 습관이 자리를 잡게 된다.

소식을 하면 정신이 맑아지고 심리적으로 안정되는 효과를 얻을 수 있다. 또한 몸을 깨끗하게 해주는 항산화 효과가 있어 젊음과 건강을 유지하게 해주며 활력 있는 생활을 가능하게 한다.

세계의 장수노인들 중 대다수가 소식습관을 가진 것만 보아도 소식의 중요성을 공감할 수 있을 것이다.

영양이 풍부하다

생식에는 우리가 보통 한 끼 식사로 섭취하는 영양소보다 더 풍부한 영양소가 들어있다. 생식은 자연의 생명력을 고스란히 섭취하는 것이기 때문에 인체에 필요한 자연의 모든 영양소를 얻을 수 있는 것이다.

더불어 일반식과 비교할 때 생식은 에너지 효율이 6배나 높아, 적게 먹어도 신체에 활력이 넘치게 된다. 그래서인지 생식을 하는 사람은 화식을 하는 사람에 비해 병에 걸릴 확률이 10배나 낮다고 한다.

노폐물 없이 깨끗한 몸을 만들어준다

생식은 유해물질을 철저히 배제한 청정식품이기 때문에, 생식을 하면 몸에 노폐물이 쌓이지 않아 혈액이 깨끗해진다. 또한 신진대사를 활성화시켜 몸속에 과잉 축적된 지방과 탄수화물을 연소시키기 때문에 심장질환이나 당뇨 등을 예방할 수 있다.

신진대사가 활발해 에너지 효율이 극대화되면 지방과 노폐물이 잘 배설되기 때문에, 생식은 다이어트에도 무척 도움이 된다.

저염식으로 현대병을 예방한다

생식에는 첨가물이 극도로 제한된다. 생식 속에는 깨끗한 환경에서 자라난 곡물과 채소, 해조류들이 아무런 변형이나 첨가 없이 그대로 담겨 있다.

때문에 식품이 자연 상태로 가지고 있는 염분 이외에 아주 극소량의 염분만 첨가된다. 그러니 생식을 하면 저염식을 하는 셈이 된다.

특히 고혈압, 심장병, 부종, 비만 등 나트륨의 섭취를 제한해야 하는 이들에게 반가운 소식이 아닐 수 없다.

저염식을 하면 혈액이 깨끗해지고 더불어 몸과 마음도 깨끗해지는 것을 느낄 수 있으며, 말기 암 등 위중한 병증에도 효과를 보이는 것으로 보고되고 있다.

3. 생식과 3대 질병의 관계성

1) 암과 생식

미국의 저명한 종양학자인 돌과 페토는 암이 발생하는 원인 중 음식물이 차지하는 비중이 35%에 이른다는 보고서를 내놓았다. 불규칙한 식사와 육류 중심의 식단이 암의 발생에 큰 영향을 끼친다는 것이다.

우리나라에서도 70년대 이후 꾸준한 연구를 통해, 채소와 과일, 식이섬유 등이 암을 억제하는 효과가 있으며 지나치게 열량이 많은 식품과 알코올 섭취 등이 암과 현대병을 발생시킨다는 것이 밝혀졌다.

소금에 절인 식품이나, 동물성 지방이 많이 들어있는 식품, 화학 첨가물이 많이 들어 있는 식품 그리고 인스턴트식품 등을 과도하게 섭취하면 신체의 면역시스템이 망가져 정상 세포가 암세포로 변형되기 쉽다는 것이다. 이를 증명하듯 서구적 음식문화가 본격적으로 보급된 90년대 들어 암 발생률이 70~80년대 보다 서너 배 이상 늘어났다.

미국에는 폐암과 대장암이 많고 중국에는 식도암이 가장 않으며, 우리나라는 간암과 위암이 많은 것으로 나타났다. 암 발생 종류의 차이도 각 나라의 식문화에서 비롯된다는 것을 단적으로 증명하는 예이다.

◎ 미국의 종양학자 돌과 페토의 암 발생 원인 추정

발생 원인	추정비율
식습관	35%
흡연	30%
전염	10%
생식 및 성적 행동	7%
직업	4%
음주	3%
지구물리학적 인자	3%
공해	2%
산업산물	1%
의약처치	1%
식품 첨가물	1%

우리나라 사람들이 가장 많이 걸리는 암 중 하나인 위암은 잘못된 식습관으로 인해 발생하는 대표적인 병이다. 위암은 짜고 매운 자극적인 음식을 자주 많이 먹을 때 걸릴 확률이 높다. 최근 여러 연구를 통해 신선한 야채와 과일을 많이 섭취하면 위암 발생이 줄어드는 것으로 나타난 것만 보아도 음식이 위암에 얼마나 결정적인 영향을 미치는지 알 수 있다.

이러한 면에서 생식은 암의 예방과 치유에 크게 기여할 수 있는 음식이다. 생식 속에는 수십 가지 곡물과 채소, 과일들이 영양의 손실이나 변형 없이 자연 상태 그대로 들어 있다. 생식은 신체의 면역체계를 건강하게 하여 암세포가 만들어지는 것을 억제하며, 정화작용과 재생효과, 항암효과가 뛰어난 성분들도 많이 들어 있어 암 예방에 더욱 효과적이다.

또한 생식은 간과 소화기관에 부담을 주지 않고 소화 과정과 노폐물의 처리 과정이 짧아 신체의 모든 에너지를 암 치료에 쏟을 수 있는 생체환경을 만들어준다. 생식은 또한 적은 양으로도 신체가 필요한 영양소를 섭취할 수 있기 때문에 암 치료를 위한 수술과 방사선 요법을 한 후 회복식으로 이용하기에도 적합하다.

2) 당뇨와 생식

당뇨병은 인슐린의 분비량이 부족하거나 기능이 정상적으로 이루어지지 않는 등의 증상을 가지는 대사질환으로, 혈중 포도당의 농도가 높아지는 고혈당이 발생하며 고혈당으로 인하여 여러 증상 및 징후를 일으키고 소변에서 포도당을 배출하게 된다.

당뇨병은 제1형과 제2형으로 구분되는데, 제1형 당뇨병은 '소아당뇨'라고도 불리며, 신체가 인슐린을 전혀 생산하지 못해 발생하는 질환이다. 제2형 당뇨병은 혈당을 낮추는 인슐린 기능이 떨어져 세포가 포도당을 효과적으로 연소하지 못하는 것을 말한다.

제2형 당뇨가 생기는 가장 큰 원인은 식생활이 서구화됨에 따라 고열량, 고지방, 고단백 음식을 너무 자주 과다하게 섭취하기 때문이다. 운동 부족과 스트레스 등의 환경적인 요인도 무시할 수 없는 원인이다. 이 외에도 유전적 특징이나 췌장 수술, 감염, 약제에 의해 생기는 경우도 있다.

질병을 치료하려면 가장 큰 원인이 되는 요소를 제거하거나 개선하는 것이 급선무다. 때문에 당뇨 치료를 위해서는 식이요법을 꾸준히 해나가는 것이 무엇보다 중요하다.

생식은 당뇨를 위한 식이요법으로 매우 적합한 식품이다. 곡식류, 채소류, 해조류 등의 재료들이 다양하게 들어있는 생식은 영양소와 섬유질이 풍부하여 신체의 대사 활동을 촉진하고 혈액을 정화시켜주며 내장기관의 기능을 정상화시킨다.

특히 생식에 많이 함유된 섬유소는 당질, 콜레스테롤, 중성지방이 체내에 흡수되는 것을 지연시켜 혈당 상승을 막고 혈청 콜레스테롤 및 혈청 지질의 양을 낮추는 작용을 하여 체내 인슐린의 요구량을 감소시키며, 당뇨로 인한 심혈관계 질환 등의 합병증을 예방하는 데 도움을 준다.

3) 생식과 비만

비만은 몸속에 지방이 과잉 축적되어 체내 활성 조직에 비교해 지방 조직의 비율이 정상치 보다 높은 상태를 말한다. 비만은 현대병, 고혈압, 당뇨, 관절염 등 여러 질병의 원인이 될 수 있는 무척 위험한 질병으로, 문제를 인식한 후에는 서둘러 치료하는 것이 좋다.

비만을 치료한다고 하면 흔히 살을 빼 몸무게를 줄이는 것만을 생각한다. 하지만 비만은 무조건 살만 뺀다고 치료되지 않는다. 마른 사람도 근육 량이 적고 체지방의 비율이 높으면 마른 비만으로 분류된다. 비만을 치료한다는 것은 몸속에 과잉 축적된 지방의 양을 줄이고 체내 영양의 균형을 찾아 건강한 상태로 되돌리는 것을 말한다.

이렇게 비만을 치료하기 위해서는 식생활에서 영양의 균형을 찾는 것이 중요하다. 아무리 운동을 열심히 한다고 해도 식이요법을 통해 체질과 식습관을 바꾸지 않으면 운동을 그만두는 즉시 요요현상에 시달리게 된다.

비만 치료를 위해서는 식단을 채식 위주로 바꾸는 것이 좋다. 채식은 음식물의 과잉 섭취를 방지하면서도 우리 몸에 필요한 영양소를 골고루 섭취할 수 있는 최상의 방법이다. 그 중에서도 생채소와 과일, 곡류 등을 영양소의 손실 없이 섭취할 수 있는 생식은 가장 효과적인 채식 식이요법이라고 할 수 있다.

◎ 생식 다이어트와 일반 다이어트 비교

생식을 이용한 다이어트	약물을 이용한 다이어트
- 유기농 자연 재료들을 그대로 섭취할 수 있어 영양의 균형이 잡힌다.	- 이뇨제와 식이섬유가 과잉 첨가된 식품을 섭취하여 신체를 무리를 줄 수 있다.
- 다이어트 성공 후에도 요요현상 없이 날씬하고 건강한 몸을 유지할 수 있다.	- 끼니를 거르거나 식사를 부실하게 하여 영양의 불균형을 초래하고 요요현상을 유발할 수 있다.
- 신진대사가 원활해져 생활에 활력이 생기며 체력이 강해진다.	- 신진대사의 균형이 깨져 무기력증을 비롯한 여러 병증이 생길 수 있다.

천연 식물이 그대로 들어 있는 생식은 한 끼의 열량이 약 150kcal 정도밖에 되지 않지만 씨눈, 효소, 엽록소가 풍부하며 흡수율이 월등히 높고 체내에 과잉된 지방을 분해하여 연소시키는 특징이 있다.

때문에 생식을 하면 항산화 성분을 비롯한 필수 영양소를 균형 있게 섭취하면서 체지방의 과잉 상태를 막을 수 있어 체중 감량에 효과적이다.

생식은 영양소가 풍부한 소식이기 때문에 생식을 많이 먹는다고 해도 일반식의 1/3 정도를 먹는 셈이다. 또한 생식에 풍부하게 함유된 식이섬유는 소화분해물의 생성을 지연시켜 음식물이 위 속에 머무는 시간을 늘려주기 때문에, 생식을 먹으면 포만감을 느끼게 되어 과식을 막고 소식하는 습관을 가지게 된다.

이렇게 식습관을 개선해주기 때문에 생식을 이용한 다이어트는 요요현상을 동반하지 않는다.

◎ 질병의 종류에 따른 생식의 치유기능

질병	치유기능
비만	칼로리가 낮지만 영양을 균형 있게 공급하여 개선한다.
변비	식이섬유가 풍부하여 숙변과 가스를 제거한다.
위장질환	항균, 항염 작용이 뛰어난 엽록소가 다량 함유되어 염증과 궤양을 예방하고 치유한다.
간질환	비타민과 미네랄이 풍부해 간세포를 활성화시킨다.
당뇨	풍부한 식이섬유가 당의 흡수와 배출을 조절하고, 세포를 활성화시켜 당대사를 촉진한다.
각종 암	면역력이 강해져 암발생을 억제한다.
알레르기 및 피부질환	인체 면역시스템의 정상화로 체질이 개선된다.
골다공증 및 관절질환	칼슘과 비타민, 미네랄이 풍부하여 골관절이 강화된다.
고지혈증 및 순환기질환	칼로리가 낮아 고지혈증을 개선하고 혈액이 깨끗해진다.
기타	두통, 손발 저림 등이 개선된다.

4. 생식 내 몸을 살린다

1) 식생활, 이렇게 바꾸자

앞서 우리는 식생활의 중요성과 생식의 필요성에 대해 알아보았으며, 생식에 대한 고민은 결국 우리 식생활에 대한 문제의식에서 비롯된 것이다라고 할 수 있다.

우리가 매일 먹는 음식은 몸을 이루는 성분이 되고 생활하는 데 필요한 에너지를 만들어내며, 신진대사의 기능을 조절하는 역할을 한다. 이렇게 중요한 음식, 꼼꼼하게 따져보고 신중하게 먹어야 할 것이다.

오장육부를 지치게 하는 음식

우리가 섭취하는 음식을 통해 몸속으로 들어오는 영양분

으로부터 에너지를 얻어 신체기관이 움직이는데, 만약 유해물질이 많은 음식을 섭취하게 되면 오히려 신체기관을 과로하게 만들고 오염시킬 수 있다.

물보다 청량음료나 커피 등 가공된 음료를 자주 마시면 우리 몸은 이를 정화하기 위해 노력해야 한다. 가공되지 않은 음료를 마셨다면 하지 않아도 될 일을 하게 만드는 것이 된다. 또한 과식을 하거나 육식과 같은 기름진 음식, 가공된 음식을 먹어도 신체기관이 음식과 함께 섭취되는 유해물질을 정화하느라 과로하게 된다.

좋은 음식은 몸을 이루는 좋은 재료가 되고 에너지를 활발하게 만들어내며 신체기관의 움직임을 효과적으로 조절하게 해주는 반면, 화학 첨가물로 가공되고 기름진 음식들은 몸을 지치게 하고 병들게 하는 독이 되는 것이다.

육식과 채식, 무엇이 더 좋을까?

고기는 맛이 좋아 혀를 즐겁게 하는 음식이다. 하지만 인간이 살아가는 데 반드시 필요한 식품은 아니다. 동물성 단백질을 과도하게 섭취하면 체질이 산성화되고 세균에 대한 저항력이 약해진다. 과잉 섭취된 동물성 지방은 분해되어 흡수되지 못하고 혈관 속에 쌓여 동맥경화증, 고혈압, 중풍, 뇌혈전, 협심증 등을 불러올 수 있다.

반면 채식 위주로 식사를 하면 혈중 콜레스테롤의 농도를 떨어뜨리고 혈당의 과도한 상승을 막아주는 섬유질을 풍부하게 섭취할 수 있다. 섬유질은 적게 먹어도 포만감을 주고 열량이 낮아 비만 예방에도 큰 도움이 된다.

또한 채식을 하면 비타민을 비롯한 다양한 영양분을 풍부하게 섭취할 수 있다. 흔히 육식을 통해 섭취해야 한다고 믿는 단백질도, 동물들이 풀과 같은 식물성 먹이를 섭취하여 만들어진 것이다. 때문에 다양한 종류의 채소과 통곡식, 콩, 과일을 충분히 섭취하면 고기를 따로 먹지 않아도 단백질을 충분히 얻을 수 있다.

음식이 몸속에 들어오면 소화과정을 거쳐서 대사 작용이 일어나 열이 발생하는데, 이 과정에서 단백질은 많은 독소를 만들어 낸다. 또한 미처 소화되지 못하고 남은 고기는 장속에서 빠르게 부패하고 장 속에 오래 머물면서 피를 오염시키고 면역을 떨어뜨린다.

채소와 곡식 같은 식품들에는 섬유소가 풍부하지만 단백질이 주성분이고 섬유소가 거의 없는 고기는 분해되는 과정에서 유해물질인 질소화합물을 생성한다. 채식 위주의 식사를 해야 독소에 노출되는 위험에서 벗어날 수 있다.

tip! 동결건조로 맛과 영양이 그대로 살아있는 생식

무공해 식물을 먹는다고 해도 조리 과정에서 많은 영양소가 파괴되면 그 효과를 제대로 얻을 수 없다. 열을 이용해 익히는 것이 문제라면, 맛과 영양이 그대로 살아있는 생식은 어떻게 만드는 것일까?

식품을 자연 그대로의 상태로 섭취하도록 하기 위해서는 '냉동'과 '건조'의 방법이 가장 효과적이다. 하지만 냉동을 한다고 해도 오랜 시간이 지나면 변성되는 것을 막을 수가 없다.

이러한 문제점을 개선하기 위해 도입된 것이 생식

제품에 이용되는 '동결건조법' 이다.

이것은 식품을 영하 40℃ 정도에서 얼리고 진공상태에서 저온 건조시키는 방법으로, 열풍건조 방법이나 단순 냉동법과는 비교할 수 없는 획기적인 방법으로 하면 식품의 맛과 영양, 심지어는 색깔과 향까지 그대로 보존할 수 있다.

날 음식과 익힌 음식, 무엇이 더 좋을까?

날 음식은 익히거나 가공되지 않은 자연 상태 그대로의 음식을 말한다. 날 음식 속에는 본래 가진 영양소가 파괴되지 않아 이로운 성분들이 그대로 담겨 있다.

이에 반해 익힌 식품은 자연의 생명력을 잃어버린 음식이다. 맛은 좋을지 몰라도 이러한 음식을 통해 얻는 에너지와 생명력은 날 음식을 먹을 때에 비해 확연히 적다.

비타민C는 100℃ 이상의 끓는 물에 가열하면 파괴되기 시작한다. 아미노산과 핵산의 합성에 필수적인 영양소 엽산은 5분간 가열하면 50~90%, 15분 가열하면 90~95%가 파괴된다고 한다.

영양분과 생명력을 그대로 간직한 음식을 먹을 것인가? 영양분이 파괴되어 찌꺼기나 다름없는 음식을 먹을 것인가? 선택은 그리 어렵지 않을 것이다.

2) 생식의 신비한 효능

앞에서도 살펴보았듯 우리 몸을 살리는 음식은, 식물성 재료로 만들어진 가공되지 않은 자연 그대로의 음식, 열에 의해 영양소가 파괴되지 않은 날것 그대로의 음식이다.

생식은 이러한 음식 중에서도 가장 온전한 의미의 자연식이라 할 수 있겠다. 그렇다면 이러한 생식이 어떠한 순기능을 하는지 자세히 살펴보자.

노폐물이 잘 배출된다

배변활동은 음식물을 섭취하는 것만큼이나 중요한 생명활동이다. 배변활동이 원활하게 이루어지지 않으면 몸속에 독소가 쌓여 건강을 해치게 된다. 몸속으로 들어간 음식물은 소화 효소로의 작용으로 분해되고 흡수된 후, 몸 밖으로 나오기까지 장에서 24~26시간 정도 머물게 된다. 그런데 장이 건강하지 못하면 장 속의 찌꺼기들이 원활하게 배출되지 않고 유해 세균들의 움직임이 활성화되어 음식물이 썩기 때문에 지독한 냄새가 나는 유독가스가 배속에 생기게 된다.

그런데 생식을 하면 음식물이 몸속에서 에너지로 전환되는 시간이 빠르고 몸속의 해독작용이 활발해져 유해물질을 효과적으로 제거할 수 있을 뿐만 아니라, 소화과정에서 생기는 노폐물의 양도 훨씬 적어지며 배변이 용이하다. 따라서 생식을 하는 사람은 몸속에 노폐물이 쌓일 걱정이 적다.

혈액이 정화된다

혈액의 건강은 음식과 매우 밀접하게 관련되어 있다. 노폐물이 많이 생성되는 고지방 가공식품을 먹으면 혈액은 자연히 나빠질 수밖에 없다.

혈액을 맑게 유지하려면 노폐물을 만들지 않고 몸을 정화시켜주는 자연식을 해야 한다.

최고의 자연식인 생식에는 녹황색 채소가 많이 들어 있는데, 이 속에 들어 있는 엽록소는 특히 피를 맑게 해주는 역할을 한다.

케일을 비롯해 미나리, 상추, 시금치, 명일엽 등 녹황색 채소를 많이 섭취하면 장내 독소 물질 발생을 억제하여 혈액이 나빠지는 것을 막을 수 있다.

이렇게 혈액을 늘 깨끗하게 유지하면 산소와 영양분이 혈액을 통해 우리 몸 구석구석으로 잘 전달되어 신체기관의 기능에 병이 침범할 수 없을 만큼 건강해진다.

유해물질이 정화된다

인체는 훌륭한 자체 정화시스템을 가지고 있으며, 숨 쉴 때 들이마신 공기 중의 독소는 폐에서 걸러지고 신장은 몸속 수분의 정화작용을 관장, 소장과 대장은 음식의 소화과정에서 남겨진 찌꺼기들을 걸러낸다. 피부는 노폐물을 몸 밖으로 내보내는 통로이며 간은 몸속으로 들어온 온갖 독소를 정화하는 역할을 한다.

그러나 아무리 훌륭한 시스템을 가졌다고 해도 몸속에

독소가 너무 많이 자주 들어와 과부화가 걸리면 그 기능을 제대로 수행할 수 없게 되고, 더 심하면 시스템이 문제를 일으키게 된다. 육식과 인스턴트 음식, 화학첨가물을 주로 섭취하는 식생활을 할 경우 인체의 정화시스템에 심각한 문제가 발생하기 쉽다.

생식은 유해 성분이 들어있지 않고 그 차제에 정화기능이 뛰어난 영양분들이 풍부하기 때문에, 인체의 정화시스템에 아무런 부담을 주지 않는다. 생식을 하면 몸의 독소를 걸러내고 정화시키는 간의 기능이 좋아지기 때문에 인체의 해독작용은 더욱 활발해진다.

노화 속도를 늦춘다

우리 몸의 세포는 끊임없이 소멸과 생성을 반복한다. 지금 이 순간에도 우리 몸 한쪽에서는 오래된 세포가 죽고 새로운 세포가 생겨나고 있다. 세포가 이렇게 생성과 소멸을 반복하려면 세포에 영양분이 충분히 공급되고 유해물질에 오염되지 않아야 한다.

만약 몸에 해로운 물질이 공급되거나 독소가 제대로 걸

러지지 않아 세포가 오염되면 재생이 제대로 이루어지지 않아 노화가 촉진된다.

생식은 세포가 이와 같은 이유로 노화되는 것을 막아준다. 생식을 하면 몸속의 정화작용이 활발해지고 유해물질의 체내 유입이 최소화되기 때문이다. 때문에 생식을 하면 피부색이 맑아지고 생기 있는 건강한 상태가 된다.

면역력이 강해진다

질병의 위협에서 벗어나 건강한 삶을 누리려면 면역체계가 건강해야 한다. 면역체계는 몸속에 침투하는 해로운 균과 독소와 싸워 건강을 지켜 내는 우리 몸의 방위군이다. 어떠한 환경에 노출되어 있더라도 면역력이 강하면 쉽게 병에 걸리지 않는다.

신종 플루에 걸린 사람과 접촉하면 모두가 플루에 전염될 것 같지만, 생식은 바이러스를 물리칠 만큼 강한 면역력을 가졌기 때문에 아무런 변화도 겪지 않을 것이다.

면역력은 스트레스와 항생제, 식품 속의 각종 유해물질,

환경호르몬, 공해 등에 자주 노출되면 그 힘을 잃는다. 이렇게 면역력이 떨어졌을 때는 생식으로 이를 개선할 수 있다. 생식은 면역력이 약해질 만큼 제 기능을 못하고 있는 신체기관의 움직임을 정상화시킴으로써 면역력이 되살아나게 한다.

이렇게 면역시스템이 건강해지면 질병이 쉽게 치유되는 것은 물론이고 새로운 질병이 생기는 것을 원천봉쇄할 수 있는 힘을 가지게 된다.

체질이 개선된다

체질은 우리 몸의 상태, 환경을 말한다. 체질을 개선한다는 것은 우리 몸의 상태를 건강한 환경으로 만드는 것을 의미한다.

그것이 건강하든, 허약하든, 병이 있든 그러한 체질이 만들어진 가장 중요한 원인이 바로 우리가 먹는 음식물이다.

특히 육식을 많이 하게 되면 소화 작용이 일어나는 과정에서 황산, 질산, 요산과 같은 여러 종류의 산이 발생해 산성 체질로 변하게 된다. 흰 쌀밥이나 밀가루, 흰 설탕을 먹을 때도 불완전연소로 생기는 젖산 등의 산에 노출된다.

몸이 산성이 되면 건강에 이상에 생기기 쉽기 때문에 항상 약알칼리로 유지되도록 하는 것이 무척 중요하다.

생식은 생명력이 풍부한 알칼리성 식품이기 때문에 생식을 섭취하면 산성화된 몸을 약알칼리성으로 바꿀 수 있다.

두뇌활동이 활발해진다

생식을 하면 건강해지는 것은 물론이고 두뇌활동도 활발해진다.

지속적으로 생식을 하면 몸에 노폐물이 쌓이지 않을 뿐만 아니라 이미 몸속에 쌓여 있는 노폐물도 원활하게 배설된다. 그러면 장이 깨끗해지고 머리가 맑아진다.

또한 생식에는 신경세포의 활동을 활성화 시키고 뇌세포의 노화를 막는 성분이 함유되어 있으며, 영양소도 고르게 들어 있어 기억력, 집중력 등 두뇌 기능을 높이는 데 효과적이다.

만성피로가 사라진다

바쁜 현대사회에서는 직장에서의 스트레스와 잦은 야근, 밤늦은 회식과 과음에 시달리느라 제때 피로를 풀지 못하고 결국에는 만성피로에 시달리게 되는 경우가 흔하다.

만성피로에 시달리는 사람들은 늘 기운이 없고 쉽게 지치며, 집중력이 약해지고 주위에 무관심해져 업무와 학업, 인간관계까지 모두 영향을 받게 된다.

이러한 현상이 6개월 이상 나타나면 만성피로증후군으로 반드시 치료를 받아야 한다. 강남성모병원 가정의학과 김경수 교수는 "만성피로가 지속됐을 때에는 정신적으로도 불면증이나 우울증과 같은 질환으로까지 연결될 수 있다."며 그 심각성을 강조했다.

이와 같은 만성피로 증상을 치료하지 않고 그대로 둘 경우 평소에 드러나지 않았던 여러 가지 질환들이 나타나는 경우도 많고, 평소 앓고 있던 질환들은 악화되는 경우가 대부분이다.

일단 만성피로증후군에 걸리면 휴식을 취해도 쉽게 피로

가 풀리지 않기 때문에 무엇보다 규칙적으로 휴식시간을 가지고 영양이 풍부한 깨끗한 음식을 섭취하여 예방하는 것이 중요하다.

그러나 이미 만성피로증후군에 걸렸다 하더라도 너무 실망할 필요는 없다. 치료를 꾸준히 하면서 생활습관을 바꾸고 생식을 섭취하면 피로에서 벗어날 수 있다.

생식에는 피로를 풀어주고 몸을 정화시켜주는 성분이 들어 있고 영양이 풍부해, 하루 한 끼라도 생식을 꾸준히 섭취한다면 신체의 기능을 정상으로 되돌려 만성피로에서 벗어날 수 있다.

스트레스가 완화된다

스트레스는 신체에 가해지는 여러 자극에 대한 반응으로 캐나다의 내분비학자 H.셀리에 의해 규명되었는데, 우리가 정신적, 신체적 자극을 받으면 아드레날린이나 다른 자극 호르몬이 분비되어 평소와 다른 생물반응이 일어나게 되는 것을 말한다. 적당한 스트레스는 건강에 이롭지만 대체로 건강에 좋지 않은 영향을 끼친다.

스트레스에 노출되면 신체는 빠르게 변화한다. 먼저 근

육, 뇌, 심장에 더 많은 혈액을 보낼 수 있도록 맥박과 혈압이 빠르게 증가하고 더 많은 산소를 얻기 위해 호흡이 빨라지며, 근육이 긴장하고 감각기관이 예민해진다.

또한 몸이 긴장해 있기 때문에 중요 장기인 뇌와 심장, 근육으로 가는 혈류가 증가하고 위험할 때에 혈액이 가장 적게 필요한 피부나 소화기관, 신장, 간으로 가는 혈류는 감소한다.

때문에 뇌와 심장의 활동에 부담이 가고 신장, 간과 같은 해독기관과 소화기의 기능이 약해진다. 이렇게 혈액순환이 비정상적으로 일어나는지라 혈액 중에 있는 당과 콜레스테롤의 양이 증가하게 된다.

이러한 상태에 장기간 반복적으로 노출되면 스트레스는 만성화되어 정서 불안을 심화시키고, 자율신경계의 긴장을 초래해 정신적 · 신체적인 기능장애나 질병을 유발하고 가벼운 병증을 악화시켜 온갖 장애와 만성질환에 시달리게 된다.

이러한 스트레스를 완화시키는 여러 가지 방법 중에서도 생식을 이용한 식이요법은 특히 효과적이다. 생식을 이용하면 양질의 엽록소를 섭취할 수 있는데 엽록소는 스트레스로 기능이 약해지고 피로해진 신체기관을 정화시키고 에너지를 불어넣어 활동성을 증가시킨다. 생식으로 스트레스를 극복할 수 있는 에너지를 제공받을 수 있는 것이다.

피부가 깨끗해진다

신체기관은 서로 연결되어 있기 때문에 긴밀하게 상호작용을 한다. 피부는 몸속의 건강 상태를 충실하고 민감하게 반영하기 때문에 피부 상태를 통해 건강상태를 가늠해 볼 수 있다.

예를 들어 기미와 주근깨가 많이 생기고 피부가 건조하고 거칠어지는 것은 몸 안에 피부의 저항력을 약하게 하는 독소가 있다는 뜻이다. 또한 얼굴이 자주 붉어지면 것은 몸의 열이 자꾸 밖으로 빠져나가 몸속이 냉해졌다는 것을 의미한다.

생식은 영양분이 풍부해 신체의 영양 균형을 맞춰 주어 신체 기능을 정상화시키며, 대사 활동을 돕고, 체내 불순물을 해독해 준다. 이로써 오염된 혈액이 맑아지고 인체 각 기관의 기능이 원활해져, 신진대사의 균형이 깨져서 생긴 피부 트러블을 줄이는 데 탁월한 효과를 보인다. 더불어 피부 건강에 필수적인 비타민, 미네랄, 식이섬유가 풍부해 피부 그 자체에 생기를 불어넣어주기 때문에 피부가 더욱 좋아지게 된다.

tip! 생식, 하루에 몇 끼를 먹을까요?

생식의 양과 섭취 횟수는 자신의 건강상태와 생식을 하는 목적에 따라 유연하게 조정하면 된다.

암과 당뇨, 심장병 등 위중한 현대병으로 고통 받고 있는 사람, 고도비만인 사람은 모든 식사를 생식으로 대체하는 것이 좋다.

병이 있어도 위중하지 않거나 병에서 회복되는 단계에 있는 사람이라면 하루 한두 끼 정도만 생식을 해도 무방하다. 단순히 다이어트를 하거나 건강을 지키기 위해 생식을 하는 사람도 꾸준히 섭취한다면 이 정도로도 효과를 볼 수 있다.

몸이 무척 건강하고 신체 및 두뇌 활동이 왕성한 사람이나 주말 동안 피로를 풀고자 하는 사람이라면 하루 한 끼 생식을 하거나 주말에만 생식을 이용하는 것도 좋다.

특히 바쁜 아침에 밥 대신 생식을 이용하면 주부는 수고를 덜고 이용하는 사람은 건강한 하루를 열 수 있으니, 일석이조의 기쁨이 되겠다.

3) 생식의 효과는 언제 나타나는가?

생식의 효과는 개개인의 체질과 건강상태에 따라 매우 다르게 나타난다. 생식을 시작한 지 1개월만 지나도 바로 효과가 나타나는 사람이 있는가 하면 6개월이나 1년 정도의 시간이 필요한 사람도 있다.

그러나 보통의 경우라면 3개월 정도의 기간이 지나면 몸에 서서히 변화가 오는 것을 느낄 수 있다.

조급함을 버리고 꾸준히 행하라

운동이나 해독요법를 병행해나가면 더욱 빠르게 생식의 효과를 얻을 수 있다. 그러나 인체를 구성하는 세포가 생성되어 소멸되기까지 3년 정도 걸린다고 하니, 생식이 우리 몸의 체질이 완전히 바뀌고 병이 완전히 치유되기 위해서는 적어도 3년의 기간을 두고 꾸준히 섭취해야 완전한 효과를 누릴 수 있다고 하겠다.

생식을 통해 효과를 보려면 규칙적으로 꾸준히 실행하는 것이 무척 중요하다. 하루에 한 번을 먹더라도 거르지 않고 꾸준히 먹어야 효과를 기대할 수 있다.

명현현상은 자연스러운 것이다

그런데 생식을 섭취하다 피로와 무력감, 통증, 발열, 발한, 설사, 병증의 일시적인 심화 현상 등의 명현현상(호전반응)이 나타나면 몸에 이상이 생기는 것 아닐까라고 생각해 중단하는 사람들이 있다.

하지만 이것은 일시적인 현상이며 병들고 오염되었던 몸이 정화되고 병든 세포들이 교체되며 새로운 질서를 잡아가는 자연스러운 과정이므로 걱정하지 말고 다소 힘들더라도 견뎌야 한다.

명현현상은 크게 3가지로 나눌 수 있다.

첫 번째는 몸이 피곤하고 졸음이 오는 이완반응이다.

두 번째는 변비, 설사, 동통, 부기, 발열, 발진 등의 증상이 일어나는 과민반응이다.

마지막으로는 부스럼과 뾰루지가 나고 피부가 붉게 변하며 눈곱이 심하게 끼는 배설반응이다.

이러한 명현현상은 보통 3~7일 사이에 사라지나, 건강상태에 따라 3주 이상 계속되기도 한다. 이럴 경우에는 섭취량을 조금 줄였다가 다시 점차 늘려나가는 것이 좋다.

명현현상이 지나가고 난 뒤에는 차츰 몸이 가벼워지고 피부가 맑게 되어 건강이 회복되는 것을 느낄 수 있을 것이다.

◎ 질병의 종류에 따른 명현현상

질 병	명현현상
산성체질	자주 졸리거나 피로하고, 목과 혀의 건조증, 방귀, 빈뇨 현상이 나타난다.
고혈압	머리가 어지럽고 무거운 증세가 1~2주간 이어진다.
위장질환	위 부분이 답답하고 미열이 있거나 구역질이 날 수 있다
장질환	설사, 변비가 생길 수 있다.
간질환	질환의 종류에 따라 피부 가려움증과 발진이 생기거나 대변에 피가 비친다.
신장질환	얼굴과 다리가 부어오른다.
당뇨	배설되는 당분의 농도가 일시적으로 증가하거나 손발이 붓고 무기력증이 생길 수 있다.
폐질환	노란 색을 띤 가래의 양이 늘어난다.
피부질환	가려움증, 여드름이나 뾰루지가 일시적으로 심해진다.
축농증	콧물의 양이 일시적으로 증가한다.
신경통	통증이 더 심해질 수 있다.
통풍	무력감이나 통증이 올 수 있다.
생리통	일시적으로 전신 무력감 또는 통증이 올 수 있다.
백혈구 감소	입이 마르고 위가 불편하다.
빈혈	갑자기 코피가 날 수 있다.
치질	대변에 피가 비칠 수 있다.

*이 외에도 여러 증상이 동반될 수 있으므로 전문가와 의사에게 상의하는 것이 바람직하다.

5. 생식으로 건강을 찾은 사람들

생식 4개월 만에 되찾은 건강

저는 평소 아픈 데가 많아 수시로 병원을 들락거렸습니다. 늘 소화도 잘 안 되고, 건강진단을 받으면 간수치가 정상인보다 몇 배 높게 나왔습니다. 아침에 일어나면 얼굴이 퉁퉁 붓고 손과 발도 심하게 부어 펴지지도 않을 정도였지요. 몸을 조금만 움직여도 숨이 많이 차니, 운동을 하기에도 역부족이었습니다.

병원에 다녀도 특별한 원인을 찾지는 못하고 고통스러운 나날을 보내던 중에 지인의 소개로 생식을 만나게 되었습니다. 처음에는 약도 아닌데 도움이 될 리 없다며 부정적으로 생각했는데, 생식 강의를 듣고 생각을 달리하게 되었습니다. 더불어 주위에서 생식을 통해 건강을 되찾은 사람들의 이야기를 들으면서 먹을거리의 중요성과 생식의 필요성에 대해 확신을 가지게 되었습니다.

이렇게 생식을 시작한 지 4개월이 지났는데, 검사를 해보니 간수치가 정상으로 돌아온 것을 확인할 수 있었습니다. 운동을 해도 숨이 차지 않아, 운동을 하며 건강을 지킬 수 있게 되었습니다. 군살이 빠져 몸매가 좋아진 것은 보너스! 저에게 건강하고 활기 넘치는 삶을 선물한 '생식'에게 고맙다고 말해야겠네요.

박재자(55세) / 교현동

생식, 놀라움의 연속

저는 52세 가정주부인데, 사람들이 저를 걸어 다니는 종합병원이라고 부를 만큼 아픈 곳이 많았습니다. 언제나 두통과 피곤함에 시달렸고 얼굴과 다리는 항상 부어 있었으며 관절염, 이명, 협심증, 고혈압, 변비, 위장병, 심장병, 손발 저림 등 온갖 증상에 시달렸습니다. 이러한 증상들을 치료하려고 약을 너무 많이 먹었더니 위장이 상해서, 결국 일상생활도 힘에 겨운 상태가 되었습니다. 물론 몸은 전혀 좋아지지 않았지요. 이제 건강하게 살기는 틀렸다고 체념하고 있을 때 만난 것이 생식이었습니다.

이후, 아침과 저녁으로 생식을 먹고 점심은 잡곡밥에 채소, 나물반찬을 위주로 차렸습니다. 이렇게 6개월 정도 생활하니 변비와 부종, 관절염이 사라지고 온몸이 저리고 쑤시던 증상도 간 데 없이 사라졌습니다. 74kg이었던 몸무게도 62kg이 되어 몸도 가벼워졌습니다. 하루 한 끼 생식으로 이렇게 건강해질 수 있다니, 정말 놀라운 일이지요?

김갑례(52세) / 용산동

먹을 거리를 바꿔 병을 물리치다

저는 40대의 평범한 주부입니다. 저는 어릴 때 심장 부분을 야구공으로 맞은 이후 항상 심장이 통증이 있었으며 숨쉬기가 어려울 때도 많았습니다. 소화도 잘 되지 않고 알 수 없는 통증에 시달리기까지 하니 하루하루가 괴롭기만

했습니다. 온갖 병원을 찾아다니며 유명하다는 의사들은 모두 만나봤지만 스트레스 때문이라고만 할 뿐 뚜렷한 원인도 밝히지 못했습니다. 그저 마음을 편안하게 먹고 운동하라는 말뿐이었지요.

이렇게 시달리며 나중에는 제대로 밥을 먹을 수도 없게 되어 점점 야위어가고 전신에 황달까지 나타났습니다. 상황이 심각해지자 함께 종교 활동을 하는 동료가 생식을 해보는 게 어떻겠느냐고 제안을 해왔습니다. 그 분은 생식을 이용한 이후 장질환도 고치고 혈압도 정상이 되었다며 체험담을 들려주었습니다.

그분의 말을 들으며 생식을 통해 건강을 되찾을 수 있을 것이라는 희망을 가지게 되었습니다. 그리고 생식을 시작한지 6개월이 지난 후, 저의 삶을 완전히 달라졌습니다. 생식을 한 뒤로는 일을 해도 쉽게 피로를 느끼지 않고 황달도 거의 없어졌으며 심장도 튼튼해졌습니다. 소화도 정말 잘되고 통증도 사라지니 생활이 더욱 즐거워졌습니다. 지금은 저의 동생부부와 병마와 싸우고 있는 동료들도 생식으로 효과를 많이 보고 있습니다.

김정환(46세) / 용산동

이제는 마음껏 일할 수 있어요!

저는 10년간 B형간염을 앓았습니다. 아토피성 피부염도 있었고 손가락, 발가락, 무릎에 관절염이 심했습니다. 그러다 처제의 권유로 생식을 만나게 되었습니다.

처음에는 '좋은 음식을 먹어 나쁠 건 없겠지' 라는 소극적인 생각으로 먹기 시작했는데, 생식을 한 후 오랫동안 앓고 있던 B형간염이 낫자 생식에 대한 생각이 달라졌습니다. 아토피성 피부염도 깨끗이 나았고 관절염도 아주 좋아졌습니다.

저는 이전에 중장비를 다루는 일을 했는데, B형간염과 관절염으로 인해 오랫동안 일을 하지 못했습니다. 그런데 생식이 제 일을 다시 찾을 수 있게 해주었습니다. 생식을 소개해준 처제에게 진심어린 감사를 전합니다.

박남근(55세) / 충북 보은군 보은읍 죽전리 죽전석제사

건강을 회복시킨 생식

생식을 먹고 건강을 되찾게 되어, 다른 사람들도 생식을 접하고 건강하게 생활하기를 바라는 마음으로 이 글을 씁니다. 저는 1999년 정년퇴직을 할 때까지 꾸준히 직장생활을 해왔습니다. 직장생활을 할 때는 하루도 거르지 않고 술을 마셨습니다.

몸이 망가져 가는 것을 생각지 않고 오랫동안 절제 없이 생활했더니, 퇴직 후부터 몸에 이상증세가 나타나기 시작했습니다. 음식을 먹으면 배에 가스가 차고 역류현상이 나타나는데다 속이 답답해, 마음 편히 밥 한 끼 먹지 못하는 나날이 이어졌지요.

병원에서 검사를 하니 고지혈증, 지방간, 역류성 위궤양, 십이장궤양, 식도궤양이 생겼다고 했습니다. 그 이후 병의 고통에서 벗어나고자 병원도 수 없이 다녀보고 약도 닥치는대로 먹었지만 증세는 크게 달라지지 않았습니다.

그러던 어느 날 지인에게서 생식을 먹은 후 당뇨병이 치유되었다는 이야기를 듣고 생식 제품을 먹게 되었습니다. 이후 꾸준히 생식을 했더니 가스가 차고 헛배가 부르는 증상이 사라지고 답답함이 가라앉기 시작했습니다. 그리고 지금 4년째 생식을 하고 있는데, 음식물 역류현상도 없어졌고 저도 모르는 사이 고지혈증과 지방간도 치유되었습니다. 이제는 몸과 마음이 한결 가벼워져서 생활에 활력이 넘칩니다.

예전의 저처럼 성인병에 시달리는 여러분들에게 꼭 생식을 권하고 싶습니다. 포기하지 말고 꾸준히 복용하면 반드시 좋은 결과가 있을 것입니다.

정유진 (72세) / 용산동

늦었다 생각 말고 생식으로 건강해지세요!

35년 동안 주방장이었던 저는 술과 담배를 많이 하는 데다 고기도 무척 좋아했습니다. 나이가 들어갈수록 건강을 챙겼어야 하는데, 그러지 못하고 결국 뇌출혈로 쓰러져 입원을 하는 지경에 이르게 되었습니다. 쓰러진 후 왼쪽 팔이 펴지지 않고 왼쪽다리를 절게 되니 그동안의 생활에 대한 후회가 끊임없이 밀려들었습니다.

이렇게 자책하고 있는데 같은 교회 집사님께서 지금도 늦지 않았다며 생식을 권해주셨습니다. 집사님은 케일은 체질개선에 좋고 혈액순환을 좋게 하며, 조혈작용과 정혈작용에 뛰어나기 때문에 생식을 꾸준히 하면 쾌유하게 될 것이라고 말씀하셨습니다.

그분의 말씀을 듣고 지푸라기라도 잡는 심정으로 생식을 시작한지 이제 1년째 접어들고 있습니다. 그동안 케일을 하루 5번, 아침에는 생식, 점심과 저녁은 현미밥을 먹었습니다.

그러자 팔이 점점 펴져지고 절룩이던 다리도 제 기능을 되찾게 되었습니다. 몸이 가벼워지니 기분도 좋아지고 어두웠던 피부도 맑아지면서 건강을 회복할 수 있다는 자신감이 생겼습니다. 이제는 질병으로 인해 고통스러운 사람들을 만나면 제가 먼저 생식을 권하게 됩니다.

이학봉(55세) / 칠금동

나는 이제 생식 전도사

저는 오랫동안 미용실을 경영했는데, 바쁘다는 핑계로

인스턴트식품과 고기, 밀가루 음식과 커피를 즐겨 먹다보니 점점 건강이 안 좋아졌습니다. 만성 관절염으로 고통받았으며 붓고 쑤시는 만성적인 편도염, 속이 쓰리고 신물이 올라오는 위장병, 변비에 시달렸습니다. 잠을 자다가도 다리에 쥐가 나서 한밤중에 소동이 일어나는 일이 비일비재했습니다. 병원을 다니며 열심히 약을 먹고 치료를 받았지만 전혀 나아지지 않았습니다.

그러다 생식제품을 만나 효모, 케일, 감마리놀레산, 엽록소 등의 제품을 먹게 되었는데, 메말라 갈라진 땅에 물을 대면 모든 생물이 살아나듯 저의 건강도 차츰 살아나 저를 고통스럽게 했던 만성질병들이 사라지게 되었습니다. 체중 64Kg이던 체중도 49Kg로 줄어 몸이 아주 가벼워졌습니다.

생식으로 건강을 되찾은 지금, 예전의 저처럼 병들고 연약한 사람들이 생식을 통해 건강을 되찾을 수 있도록 해주고 싶습니다. 생식을 널리 알려 병든 사람들을 살리는 데 동참하고 싶습니다.

권오향(58세) / 충인동

행복한 삶의 열쇠, 생식

감기에 자주 걸리는 허약체질이었던 저는 아주 오랫동안 위장병, 두통, 골다공증, 관절염, 중이염 등 여러 가지 병에 시달리며 살았습니다. 수없이 병원을 드나들던 어느 날 가슴이 조여 오는 증세가 있어 검사를 받아보니 협심증이라는 진단이 나왔습니다.

의사는 평생 약을 먹어야 하는 병이라고 했습니다. 큰 병에 걸렸다고 하지만 의사가 음식은 그다지 중요하지 않다며 먹고 싶은 대로 먹으면 된다고 하였기에 당시에는 약만 꼬박꼬박 챙겨먹을 뿐 식생활을 크게 바꾸지는 않았습니다.

그러던 어느 날 모임에 가서 고기를 많이 먹었는데, 집으로 돌아오던 중 숨이 목까지 차올라 쓰러져 사경을 헤매게 되었습니다. 그 사건을 계기로 제 병의 심각성을 인식하고 그동안의 식생활의 문제점을 절실하게 깨닫게 되었습니다.

그 이후로 생식을 하게 되었는데, 생식, 케일, 키토산, 엽록소, 감마리놀레산, 관절제, 동충하초 등의 제품들을 1년 정도 꾸준히 섭취하니 건강이 볼라보게 좋아졌습니다. 병원에서도 평생 먹어야한다고 했던 약을 이제 먹을 필요가 없다고 합니다.

생식을 만난 후 모든 병이 사라지고 삶이 행복해졌습니다. 예전의 저처럼 병으로 고생하는 다른 사람들도 생식을 만나 행복한 삶을 찾았으면 하는 바람입니다.

박재운(65세) / 교현동

죽음에서 구해준 생식

요즘 나이 60은 한창 일하고 인생을 즐길 나이라고 합니다. 그런데 저는 심장 관상동맥 수술 후 약을 오랫동안 복용하다 신장이 나빠져 신우신염, 방광염, 중이염 등 여러 병증을 안고 이제까지 살아왔습니다. 여러 병원을 전전하며 치료를 받았는데, 수술 후 13년 만에 손이 떨리며 어지러운 증세가 있어 다시 검사를 해보니 치료가 어렵고 죽음을 준비해야 한다는 결과가 나왔습니다.

이 이야기를 듣고 집에 돌아와 주변정리를 하고 있을 때 지인의 권유로 생식을 처음 이용하게 되었습니다. 생식, 케일, 효모, 산야초를 한 달 섭취했는데 늘 돌을 얹어놓은 것 같이 무겁던 심장이 가벼워지는 느낌을 받았습니다. 예전엔 3층 계단을 올라가려면 4~5번씩 쉬어서 올라가곤 했는데 이제는 놀랍도록 몸이 좋아져서 등산도 하고 해외여행도 다니며 제2의 인생을 살고 있습니다.

주변에서 성인병으로 쓰러지는 사람들을 보면 마음이 아파 생식을 권유하지만 사람들이 잘 듣지 않아 안타까울 때가 많습니다. 보다 많은 사람들이 건강의 중요성을 인식하고 생식을 통해 건강하고 행복한 삶을 누렸으면 합니다.

최옥영(69세) / 문화동

생식, 우리가족 건강 지킴이

저는 충주에 살고 있는 가정주부입니다. 제가 생식을 처음 접하게 된 것이 벌써 1년이 다 되어 가네요. 생식을 10년만 더 일찍 만났으면 하는 생각을 많이 하는데, 아직도 모르고 사는 사람들을 보면 그래도 저는 운이 좋은 사람인가 봅니다.

1년 전 쯤 저는 심한 오십견 때문에 등, 어깨, 팔, 발이 아파서 밤에 잠을 이루지 못했습니다.

평소 손자 손녀를 돌봐주는데 팔이 너무 아파서 안아주는 것조차 너무 힘겹게 느껴졌습니다. 그러던 어느 날 절친한 이웃에게 생식이 몸에 좋다는 이야기를 듣고 반신반의하며 생식제품을 먹기 시작했는데 그 이후 신기하도 통증없이 잠을 잘 자게 되었습니다. 갱년기 증상도 관절효소나 케일, 효모 같은 제품들을 먹은 후 몰라보게 나아졌습니다.

이렇게 효과가 좋으니 남편에게도 주어야겠다는 생각이 들었습니다. 남편은 평소에 당 수치가 조금 높고, 술과 담배도 해서 언제나 건강이 걱정이었습니다. 더욱이 남편이 출근 할 때마다 새벽같이 일어나 밥상을 차리는 일이 나이 들어가면서 힘에 부치기 시작했기에, 생식이 좋은 대안이 될 것이라 생각했습니다. 제 말은 들은 남편은 못이기는 척 수긍해 주었습니다.

남편은 회사에서 건강검진 받고나면 병의 의심된다며 재검진 하는 일이 잦았는데, 아침마다 생식을 먹고부터는 그런 일이 거짓말처럼 사라졌습니다.

남편에 이어 아토피가 있는 손자, 손녀에게도 생식을 권했습니다. 아이들 모두 아토피가 조금 있었는데 환절기가 되면 더욱 심해지곤 했습니다. 게다가 몸이 약해 감기와 여러 가지 병으로 한 달에 서너 번은 병원신세를 져야했는데, 생식을 먹은 뒤부터는 잔병치레도 사라지고 아토피도 확연히 완화되었습니다.

이후 아들과 며느리도 생식을 먹게 되었는데, 평소 아침에 일어나면 얼굴과 팔다리가 자주 부었는데 생식을 한 후 이러한 증상이 없어지고 살도 빠진다고 좋아합니다. 생식을 알고 나서 몇 사람이 행복한지 모르겠습니다.

김옥자(58세) / 교현동

나의 아토피 극복방법

지금으로부터 약 5년 전 저에게 아토피라는 골치 아픈 질병이 찾아왔습니다. 당시를 기억해 보면 더워서 땀을 흘리면 아주 가렵고, 그래서 피부가 상할 때까지 계속 긁었던 기억 밖에 없습니다. 피부에 피가 나고 상처가 생기고 염증으로 번져서 온몸이 상처투성이가 되기 일쑤였습니다.

당시 어머니께서 저의 심각한 몸 상태를 아시고는 안타까워하시며 생식을 해보라고 권하셨습니다. 그동안 아토피에 좋다는 방법은 다 써보았으나 딱히 효과를 얻지는 못했던 상태였기에 지푸라기라도 잡은 심정으로 생식을 먹기 시작했습니다. 처음에는 일반생식을 하루 3번 아침, 점심, 저녁으로 복용을 하였고, 산야초, 생식, 물 이렇게 3가지를 희석하여 섭취했습니다.

생식을 한 달 정도 섭취할 때까지는 특별한 변화가 없었습니다. 그런데 생식을 계속하니 제대로 먹기도 힘들만큼 몸 상태가 안 좋아지는 것이었습니다. 생식의 효능에 의심이 생겨 포기하고 싶은 마음이 들었지만 어머님께서 명현현상이라시며 조금만 참자고 하셨습니다.

그 말씀을 듣고 약 5개월 동안 생식을 꾸준히 먹었더니 증상이 조금씩 호전되기 시작했습니다. 이후 다시 조심스레 희망을 품고 상처에 케일을 물에 개어서 상처에 붙이고, 생식을 1년 정도 꾸준히 섭취하였더니 몸을 뒤덮었던 상처들이 점점 아물고 피고름은 찾아볼 수 없게 되었습니다.

지금은 아토피가 완쾌되어 벌써 3년째 회사를 잘 다니며 정상적으로 생활하고 있습니다. 여름에도 당당히 반팔을

입고, 더는 다른 사람 만나는 것을 두려워하지 않습니다.

이 모든 것이 생식이 있었기에 그리고 저를 끝까지 이끌어 주신 어머님이 계셨기에 가능했다고 생각합니다. 항상 감사하며 저와 비슷한 처지에 놓인 사람들을 보면 항상 생식을 드시라고 권합니다. 생식이 없었다면 과연 지금의 저는 있을 수 없으니까요.

조영남(35세) / 충주시 칠금동

생식이 제 몸을 바꿨어요!

안녕하세요. 저는 청주에 살고 있는 김혜자입니다. 제가 생식을 알고 먹기 시작 한지 벌써 11년이 되어가지만 제대로 관리하며 먹기 시작한 것은 불과 4~5년 전의 일입니다.

저는 어렸을 때부터 병치레가 많은 아이였습니다. 특히 돌 때부터 1년간은 토하고, 설사하는 일이 너무 잦아 부모님께 저를 안고 병원이란 병원은 다 찾아다니곤 했습니다. 그 후 자라면서도 몸이 약하고 활기가 없어서 부모님의 마음을 많이 애태웠습니다. 귓병, 눈병, 배앓이, 방광염, 늦은 생리에 얼굴에 늘 핏기 없이 누런빛이었고 사춘기가 지나면서는 살이 찌기 시작했습니다. 나중에는 당뇨 증세까지 나타났지요.

다 자라서도 달라진 것은 없었습니다. 오히려 결혼과 출산 후 아픈 곳이 더 많아져서 30대 초반부터 어깨가 짓눌리는 고통 때문에 집안일도 제대로 할 수 없었고, 장이 안 좋아 복통과 설사에 시달렸으며, 빈혈로 인한 어지럼증, 치질, 간염, 가슴 두근거림과 불안, 우울까지 하루도 편안할 날이 없었습니다. 제가 이러니 남편과 아이들도 많이 힘들어 했지요.

그런데 생식을 먹기 시작 후 정말 많은 것이 달라졌습니다. 처음에는 호전반응으로 눈곱이 계속 생기고, 피로와 뾰루지 변비 증상에 시달리기도 했지만 6개월 지나면서부터는 점차 호전되었습니다.

그러나 조금 나아진 이후 생식 복용을 꾸준히 하지 않은데다 교통사고를 당하는 등의 악제가 겹쳐서 몸이 다시 안 좋아지기 시작했습니다. 병원에서는 갑상선 저하, 위염, 지방간, 쓸개혹, 신장혹 등이 있다고 진단을 하였습니다. 병원 치료를 받는 중에 요로가 좁아져 제기능을 못하고 지방간이 있다는 이야기도 듣게 되었습니다. 엎친 데 덮친 격으로 이해 말부터는 갱년기 증세가 심하게 나타나기 시작했습니다. 그러나 치료는 첩첩산중이었고 건강은 좀처럼 나아질 줄 몰랐습니다.

그래서 다시 생식을 하기 시작했습니다. 가족들의 도움으로 생식제품을 지속적으로 먹으면서 모든 증상들이 많이 나아졌습니다. 집안에 누워있는 일도 줄어들었고 생활에도 활력이 생겼습니다. 조금 나아졌다고 방심하지 말고 앞으로도 꾸준히 생식을 먹어야겠습니다.

김혜자(55세) / 충북 청주시 봉명동

6. 무엇이든 물어보세요! 생식 Q & A

Q. 생식만 먹으며 배가 고프지 않을까요?

생식은 채소와 곡식 등으로 만들어졌기 때문에 식이섬유가 풍부하여 포만감을 주므로 배고픔을 느낄 염려는 없다. 다만 평소에 음식물 섭취량이 많은 사람이라면 공복감을 느낄 수도 있는데, 이럴 경우에는 두유에 타 마시거나 생채소와 과일 등을 곁들여 먹으면 공복감을 덜 수 있다.

Q. 성장기 아이들과 청소년이 생식을 먹으면 영양이 부족하지 않을까요?

생식에는 인간의 생체활동에 필요한 모든 영양소가 알차

게 들어 있다. 일반식에서는 잘 섭취하기 어려운 영양소도 골고루 섭취할 수 있기 때문에 영양 섭취 면에서는 성장기 아이들에게 오히려 유리 할 수 있다. 실제로 생식을 먹은 아이들이 뼈가 더 단단하고 별다른 성장통 없이 키가 컸다는 사례도 많이 보고되고 있다.

Q. 임신부가 생식을 먹어도 될까요?

생식에는 곡류, 콩류, 채소류, 버섯류, 해조류, 과일류가 골고루 들어간다. 이 속에는 비타민과 무기질 엽록소, 효소 그리고 섬유질을 비롯한 영양소가 풍부하게 들어 있어, 영양소가 더욱 많이 필요한 임신부들에게는 생식이 오히려 더욱 큰 도움을 줄 수 있다.

Q. 생식 다이어트 성공 후 생식을 중단하면 요요현상이 생기나요?

생식은 단순히 체중을 감량하는 효과만 있는 것이 아니다. 3개월 이상 생식을 하면 체질이 개선되고 무절제한 생활을 하는 동안 늘어났던 위장이 줄어들며 소식을 하는 습관을 가지게 되기 때문에 생식을 그만둔다고 해도 쉽게 다시 살이 찌지 않는다. 하지만 과거의 무절제한 생활로 다시 돌아가지 않도록 주의하고 유기농의 곡·채식 위주의 식사를 하는 것이 바람직하다.

Q. 좋은 생식을 구별하는 방법은 무엇인가?

생식의 효능이 많이 알려진 요즘에는 생식 제품도 무척 다양하다. 그냥 봐서는 어떤 것이 좋은 생식인지 구별해내기가 그리 쉽지 않다.

좋은 생식을 찾고 싶다면 가장 먼저 모든 재료들이 유기농법으로 재배된 재료인지 확인할 필요가 있다. 생식은 모든 재료들을 생으로 먹는 것이다. 때문에 아무리 좋은 재료로 만들어 졌다고 하더라도, 그 재료들이 농약이나 화학비료를 이용해 재배되었다면 오히려 몸에 해로울 수 있다.

좋은 생식

_국내산 농산물
_친환경 농산물
_동결건조로 영양파괴 최소화 했는지 (자연건조, 송풍건조도 생식규격에 포함됨)
_생식비율
_위생 (생식이므로 살균처리 불가)
_맛을 위한 인공첨가물, 설탕 등 배제

다음으로는 생식에 다른 첨가물이 들어있는지 확인해야 한다. 어떤 생식제품들은 맛이나 향을 좋게 하기 위해 여러 물질들을 첨가하는 경우가 있다. 이 과정에서 당분이나 열에 의해 조리된 물질이 첨가된다면 생식이 일반식과 다르지 않게 된다. 따라서 생식의 재료를 확인하여 생식의 비율이 100%에 높은 것으로 선택하는 것이 좋다.

생식의 재료를 확인할 때는 녹색 채소류가 다양하게 들어 있는지도 확인해보는 것이 좋다. 녹색채소는 대게 맛이

쓰고 진공 동결건조 시 높은 비용이 발생하기 때문에 소량만 넣은 경우가 많다. 하지만 푸른 잎을 가지 녹색채소는 엽록소와 비타민, 미네랄이 풍부한 매우 중요한 원료이므로, 이것이 충분히 들어있는 생식을 고르는 것이 좋다.

그리고 자신의 체질과 건강상태에 따라 그에 맞는 제품을 골라야 한다는 것이다. 요즘에는 검은콩, 검은 깨 등을 주재료로 하여 특정한 기능을 높인 생식 제품들도 많이 개발되고 있다. 기본 생식 외에도 이러한 생식 제품들을 함께 섭취하면 생식의 효과를 크게 높일 수 있으니 참고하자.

또한 생식을 선택할 때, 동결건조생식인지 확인해 보는 것이 좋다. 식품의약품안정청고시(제2005-27호)에 따르면 생식은 원료의 영양소 파괴, 효소의 불활성화, 전분의 호화 등이 최소화되도록 건조하여 섭취할 수 있도록 제조한 것을 말한다.

생식의 제조 건조방식은 크게 3가지로 나뉘며, 동결건조, 자연건조, 60℃ 이하의 송풍건조방식으로, 이 중 영양파괴가 적고 식물을 채취 당시의 상태 가깝게 보존할 수 있는 방법은 동결건조방식 뿐이다. 따라서 생식은 과학적이고 위생적인 시스템으로 생산된 원스톱라인(ONE-STOP-LINE)으로 제조된 생식을 선택하는 것이 좋다. 원스톱라인이란 원료의 집하에서부터 세척, 동결, 건조, 분쇄, 혼합, 포장, 완제품에 이르기까지 한 공장에서 만들어진다는 뜻이다.

Q. 명현현상이 심할 때는 어떻게 대처하는 것이 좋을까?

앞서 설명했듯이 명현현상은 자연스러운 것이지만 증상이 심하고 견디기 어려울 경우에는 다음과 같이 대처하는 것이 좋다.

간의 해독작용과 피부의 배설작용이 원활하게 이루어지지 않으면 발진과 가려움증이 심해지는데 이럴 경우에는 약을 찾는 것이 아니라 소금물 목욕 등을 하여 해독 · 배설작용을 돕는 것이 좋다. 또한 가려움증이 심하면 죽염과 꿀을 1:1로 배합해 해당 부위를 마사지 해주도록 한다.

피로하고 무기력할 때는 땀이 조금 날 정도의 가벼운 운동을 하고 충분히 휴식을 취하도록 한다. 몸에 쌓인 독소가 많을수록 증상이 심하고 길어지기 때문에, 더는 몸속으로 유해물질이 들어가지 못하도록 음식을 더욱 가려 먹고 주위 환경을 청결하게 해주도록 한다.

얼굴과 팔다리가 너무 자주 붓는 경우에는 옥수수수염을 달인 물이나, 호박즙, 저령과 복령을 달인 물을 수시로 마시면 증상이 완화된다.

속이 더부룩하고 쓰릴 때는 생식 섭취량을 줄이고 달거나 차가운 음식을 금한다. 꿀이나 죽염을 소량 섭취해주는 것도 좋다.

변비나 설사 증상이 나타날 때는 섭취량을 줄이고 횟수를 늘리도록 한다.

설사가 나타난다면 찬 음식을 금하고 술을 먹지 않도록 하며, 변비가 생긴 사람은 생수를 많이 마시면서 복부를 따뜻하게 마사지해주고 가벼운 운동을 하는 것이 좋다.

생식을 통해 잃어버린 건강을 되찾자

인생에서 가장 소중한 것을 꼽으라고 했을 때 건강을 첫 손가락에 꼽는 이가 적지 않을 것이다. 많은 돈도 맛있는 음식도 사랑도 명예도 건강을 잃는다면 모두 부질없는 것이기 때문이다. 이렇게 중요한 건강을 지키는 방법 중에서도 생식은 가장 기본이며 으뜸인 '건강한 식생활'을 가능하게 해준다.

이 책 속에는 건강한 삶을 위해 우리 몸이 필요로 하는 것이 무엇이며, 그것을 어떻게 섭취할 수 있는지에 대한 생생한 정보들이 담겨 있다.

생식은 우리 몸에 활력 넘치는 생명 에너지를 전해준다. 밥은 더 이상 배를 채우기 위해서만 먹는 것이 아니다. 식사는 정신과 건강을 싱그럽게 가꾸는 생명의 정원사다. 생식 한 끼, 그 작은 실천이 우리의 삶을 건강하게 바꾸어 놓는다는 것은 수많은 이들의 체험과 연구를 통해 증명되었다.

우리 몸은 정직한 땅과 같다. 좋은 음식이 들어오면 몸이 좋아지고 나쁜 음식이 들어오면 몸이 오염된다. 온갖 첨가물과 화학물질로 오염된 밥상은 혀는 기쁘게 하나 몸은 병들게 한다. 깨끗한 물과 생명 에너지가 가득한 햇살이 고스란히 담긴 생식 밥상은 우리 몸을 대자연의 그것처럼 생기있게 한다.

생기를 듬뿍 머금은 푸른 채소들과 알알이 영양분이 알찬 곡식들, 껍질을 벗겨내지 않아 빨간 빛으로 반짝이는 사과, 청정한 숲속에서 자란 예쁜 버섯 그리고 대자연의 에너지가 가득한 그 모든 잎사귀와 열매들….

무엇을 먹을 것인가, 더는 고민할 필요가 없지 않을까?

2009년 11월

이런 분들께 생식을 권합니다!

가정의 기둥 주부에게

생식은 주부님들이 노출되기 쉬운 비만과 골다공증을 예방하는 건강식입니다. 주부님의 식생활습관이 바뀌면 더불어 남편과 아이들 그리고 부모님까지, 가족 모두의 건강을 챙길 수 있습니다.

아침이 바쁜 직장인에게

인체에 필요한 영양소가 골고루 함유된 생식은 바쁜 직장인들을 위한 아침식사 대용식으로 으뜸입니다. 생식은 에너지 효율을 극대화하여 최상의 컨디션을 유지하게 해주며, 신체에 생기를 불어넣어 스트레스를 완화시켜줍니다.

공부에 지친 수험생에게

최고의 자연식인 생식은 몸의 피로를 풀어주고 머리를 맑게 하고 두뇌활동을 자극하여 최상의 컨디션과 집중력으로 공부에 임할 수 있도록 도와줍니다.

건강한 노년을 원하는 분들에게

생식에 두뇌활동에 필요한 영양소가 풍부하게 들어있어 치매예방에 효과적입니다. 또한 신진대사를 활발하게 해주어 노년에도 건강하고 활력 있는 생활을 가능하게 합니다.

미용에 관심 많은 분들에게

생식은 피부를 탄력 있게 가꾸어주고, 비만을 예방해주며 다이어트에도 효과적이기 때문에 몸을 아름답게 가꾸고자 하는 분들에게 최상의 만족을 드립니다.

병과 싸우고 계신 분들에게

생식은 약이 아니지만 효과적인 식이요법을 가능하게 하기 때문에 병의 예방에도 많은 도움을 줍니다.

또한 생식 속에는 건강에 이로운 영양소가 풍부해 신체 면역력을 키워 자연치유력을 강화시켜주기 때문에 생식과 함께라면 어떤 병도 이겨낼 수 있습니다.

MEMO